COUVERTURE SUPÉRIEURE ET INFÉRIEURE
EN COULEUR

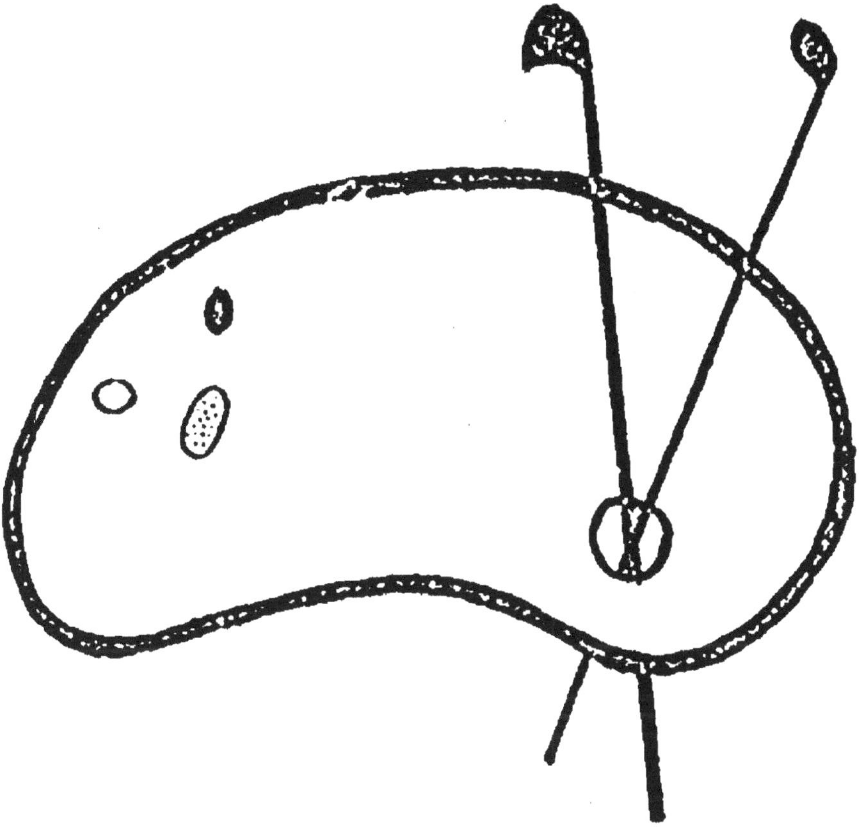

LA SCIENCE

A LA PORTÉE DE LA JEUNESSE

PAR

Eugène ROSARY

ROUEN

MÉGARD ET Cie, LIBRAIRES-ÉDITEURS

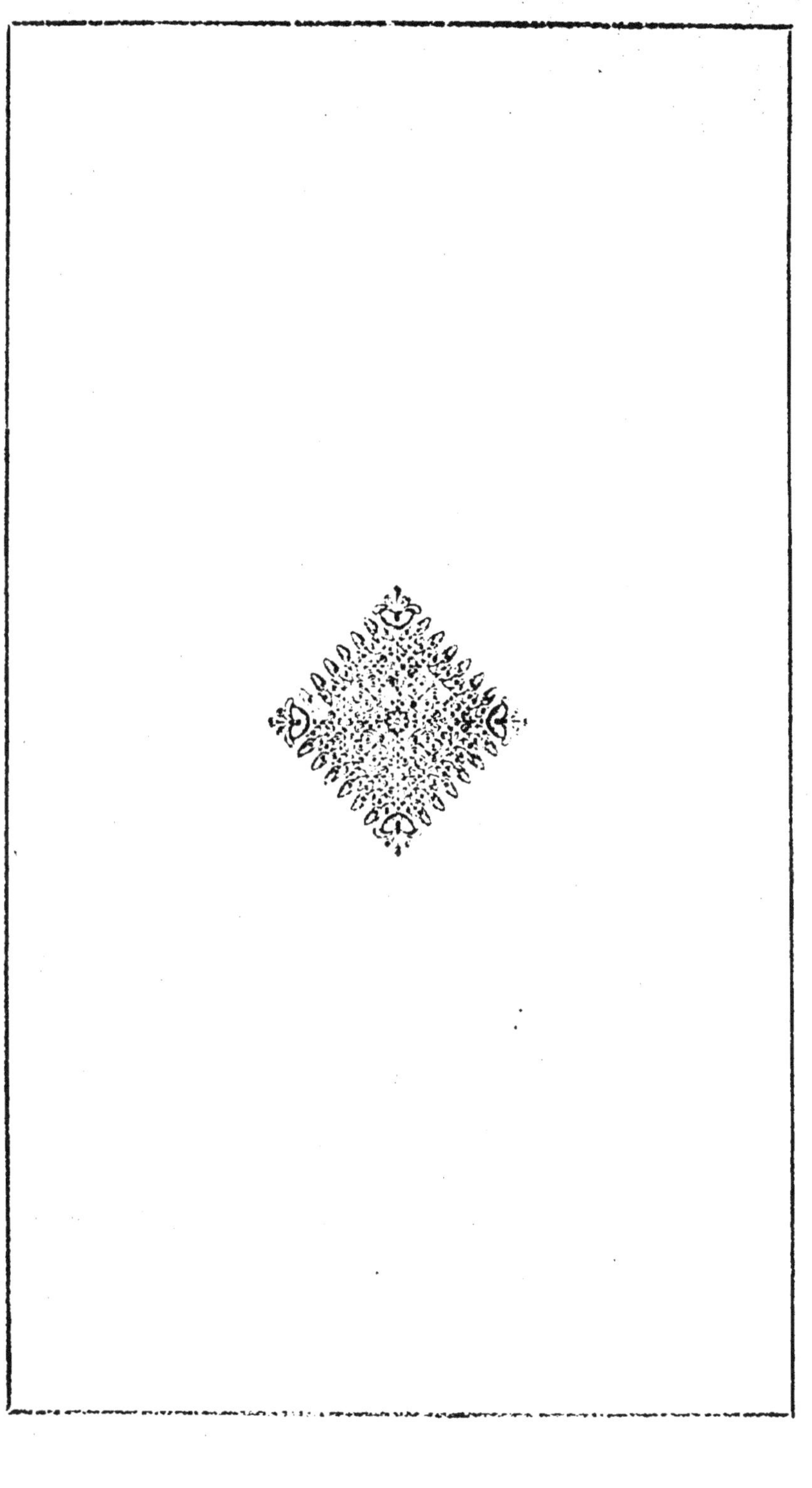

BIBLIOTHÈQUE MORALE

DE

LA JEUNESSE

—

1re SÉRIE IN-8°

Voyez ces belles fleurs encore humides de rosée.

(*La Science au village.*)

LA
SCIENCE

A LA PORTÉE DE LA JEUNESSE

PAR

Eugène ROSARY

ROUEN

MÉGARD ET Cᵢₑ, LIBRAIRES-ÉDITEURS
1880

LA SCIENCE

A LA PORTÉE DE LA JEUNESSE.

I.

Quel malheur, ma chère Louise, que tu sois tombée malade au commencement des vacances ! Quel malheur surtout que les médecins aient engagé maman à me faire partir plutôt que de me laisser auprès de toi ! Ils ont dit que je pourrais gagner la vilaine fièvre dont tu souffres ; je ne le crois pas ; mais, au risque d'être malade aussi, j'aurais mieux aimé ne pas te quitter. D'abord, je n'aurais pas l'inquiétude de me demander à chaque instant comment tu vas ; puis, je ne serais pas ici comme tombée des nues, entre le fauteuil toujours vide de mon oncle Henri, le plus déterminé chasseur de toute la France, et notre grand'mère, bien bonne, bien digne d'amour, il est vrai, mais si sourde, si sourde, qu'il est impossible de causer avec elle.

Nous pouvions bien, ma pauvre Louise, nous donner tant de mal pour obtenir le prix d'honneur, et tant nous réjouir de la promesse que maman nous avait faite de nous envoyer à la campagne pendant toutes les vacances, si nous étions assez heureuses pour le partager. Nous avons été récompensées de nos efforts, toi, par la maladie, moi, par l'ennui.

Oui, ma sœur, voilà le grand mot lâché ! je m'ennuie à Beaumont ; je m'y ennuie horriblement ; et pour que tu n'en doutes pas, je te dirai que je compte tous les soirs combien il me reste encore de jours à y passer. Si bonne maman le savait, elle en serait désolée ; mais elle ne le saura pas ; car ce n'est pas toi qui le lui diras. Devant elle, je tâche de paraître gaie ; et quand l'envie de pleurer me prend trop fort, je me sauve au jardin.

Cela ne m'est encore arrivé que deux ou trois fois; mais il me semble qu'au lieu de m'habituer tout doucement à la vie que je mène, elle me paraît de plus en plus triste. La maison est pourtant plus agréable que celle que tu connaissais, et qui a été brûlée il y a trois ans. On l'a reculée un peu, afin de laisser au-devant un petit parterre qui m'a d'abord paru charmant. La cuisine et la salle à manger donnent sur ce parterre par quatre fenêtres, d'où l'on aperçoit toute la rue, à travers la grille en fer qui surmonte un petit mur à hauteur d'appui. Derrière la cuisine est la chambre de mon oncle, et derrière la salle à manger se trouve une grande pièce qui servirait de salon, si notre grand'mère en avait besoin; mais les quelques amis qu'elle reçoit prennent sans façon place autour de la cheminée de la cuisine; car il fait déjà un peu frais, et l'on ne fait pas encore de feu ailleurs.

Le salon et la chambre de mon oncle prennent jour sur le jardin, qui est grand, bien entretenu, plein de belles fleurs et de fruits magnifiques. Un large corridor va du parterre au jardin. Il est fermé aux deux extrémités par des portes en fonte ouvragée, garnies de verres de couleur. J'ai trouvé cela très-joli quand je suis arrivée.

Au premier étage, il y a, sur le devant, une chambre d'amis, et une autre qui est destinée à maman; car elle communique à une charmante pièce dans laquelle sont placés deux lits blancs, deux petites tables, deux pupitres, et, au-dessous d'une belle image de la sainte Vierge, un large prie-Dieu, où deux jeunes filles peuvent s'agenouiller ensemble. J'y ai passé une nuit; mais ce lit vide en face du mien m'a fait penser à de si tristes choses, que grand'maman m'a trouvée tout en larmes, quand elle est venue m'embrasser le lendemain matin. Je n'ai eu qu'à étendre la main de ce côté pour lui faire comprendre la cause de mon chagrin; elle s'est efforcée de me consoler; mais j'ai vu que l'inquiétude que lui cause ta maladie était au moins égale à la mienne, et cela, tu peux le croire, n'a pas contribué à me rassurer.

Bonne maman a fait transporter mon lit dans sa propre chambre, qui est placée au-dessus de celle de mon oncle, afin qu'il puisse entendre le bruit qui s'y ferait, si sa mère se trouvait indisposée. Cette chambre est voisine de celle qu'occupe la bonne, et la porte qui les sépare est toujours ouverte.

A propos de la bonne, ce n'est plus Françoise, qui était si complaisante pour nous quand nous étions petites; Françoise a été demandée par un de ses oncles, qui est vieux, infirme, et veut lui laisser le peu de bien qu'il possède. Elle hésitait à partir; mais grand'maman lui a dit qu'elle le devait, et elle a obéi. Sa remplaçante a l'air d'une brave fille; mais elle ne me plaît pas comme Françoise, que nous connaissions depuis notre enfance, et à qui je pourrais, si elle était encore ici, confier ma tristesse et mes inquiétudes.

Mon oncle Henri est bien bon, bien affectueux; je ne m'ennuie pas quand il est à la maison; mais, par malheur, il y est rarement. Bien avant que je me lève, je l'entends siffler ses chiens, et il ne rentre guère que le soir, à moins qu'il ne soit trempé, harassé ou quelque peu souffrant. Alors, il s'établit au coin du feu, un livre ou un journal en main, soit pour lire, soit pour se dispenser de causer; ses chiens s'étendent sur la plaque de fonte attiédie, et leurs soupirs de satisfaction accompagnent le bruit monotone du rouet de notre grand'mère.

Il y a des sourds qui aiment qu'on leur parle ; mais bonne maman sait que cette infirmité est arrivée chez elle au point de rendre la conversation extrêmement pénible ; elle s'est habituée à se suffire à elle-même, pour n'être à charge à personne. La prière, le travail, la lecture, les soins qu'elle donne à ses fleurs remplissent ses journées ; elle ne se plaint pas de son sort et n'en paraît pas affligée. Un sourire doux et bienveillant donne une expression toute particulière à sa physionomie ; et quoique ses cheveux soient très-blancs et ses joues assez pâles, tout le monde dit qu'elle est encore bien belle pour son âge. Je suis là-dessus du même avis que tout le monde ; mais plus je regarde notre chère grand'mère, plus je suis persuadée que c'est son âme qui embellit son visage, où je crois voir se peindre la bonté, le dévouement, le courage et la confiance en Dieu. Elle a dû s'oublier toujours pour les autres, et l'habitude qu'elle en a prise lui rend sa position actuelle beaucoup plus facile à supporter.

Lundi dernier, mon oncle, invité à une partie de chasse qui devait durer plusieurs jours, voulait refuser cette invitation.

— Pourquoi n'irais-tu pas? lui demanda bonne maman, qui devina de quoi il s'agissait.

— Parce que je serais absent trop longtemps pour vous, ma mère.

— Non, dit-elle; je saurai que tu as du plaisir, cela me suffira. D'ailleurs, je ne serai pas seule : Anna me tiendra compagnie.

— C'est la seule raison qui puisse me décider à partir, reprit mon oncle, quoique je sache bien que vous n'êtes jamais seule.

— Non, répondit-elle. N'ai-je pas là mes chers enfants et mes meilleurs amis?

En même temps elle étendait la main vers deux livres placés sur la table et elle jeta un regard attendri sur nos photographies, que je lui ai apportées et qu'elle trouve très-ressemblantes.

Je n'avais pas attendu jusque-là pour ouvrir ces livres, les seuls que j'aie encore vu lire par bonne maman. Ce sont les saints Évangiles et l'*Imitation de Jésus-Christ*, deux bien beaux livres,

j'en conviens ; mais pour moi ce sont deux livres
d'église. A la maison, j'aimerais mieux des his-
toires amusantes, quand même ce ne serait que
celle du Petit-Poucet. Mon oncle a une grande
bibliothèque, dont les rayons sont au complet ;
l'autre jour, il pleuvait, et je m'ennuyais encore
plus qu'à l'ordinaire ; j'ai voulu prendre un volume ; mais je n'ai trouvé que du latin, du grec,
de l'allemand, et du français que je pouvais mieux
lire, mais non pas mieux comprendre que l'allemand, le grec et le latin.

Mon oncle est un savant ; je me rappelle maintenant que maman lui demandait, la dernière
fois qu'il est venu nous voir, s'il avait enfin trouvé
la pierre philosophale. Je me le rappelle, parce
que nous avons voulu avoir des explications sur
cette pierre dont le nom nous étonnait, et qu'il
nous a complaisamment entretenues des rêveries
et des expériences des alchimistes, puis des travaux plus sérieux des chimistes.

Il y a au fond du jardin un petit pavillon qui
lui sert de laboratoire, et dans lequel on n'entre
pas. C'est là qu'il passe presque tout son temps
quand la chasse est défendue ; souvent même il

y prolonge ses veillées jusqu'à onze heures ou mi-
nuit, à ce que m'a appris le jardinier Bernard,
qui, soit dit entre nous, paraît croire qu'il vaut
bien mieux tailler des arbres ou ratisser des allées
que de distiller des drogues ou de fabriquer des
poisons.

Quant à moi, je suis persuadée que mon oncle
se livre à d'utiles recherches, et que la chasse, en
donnant du repos à son esprit et de l'exercice à
son corps, est absolument nécessaire à sa santé.
S'il fabrique des poisons, il est incapable de s'en
servir, à moins que ce ne soit contre les rats ; et
comme on ne croit plus aux sorciers, il peut, sans
risquer autant que les alchimistes, s'occuper selon
ses goûts. Je regrette seulement qu'il soit si savant ou que sa science ne soit point de celles qui
pourraient me servir. Je le prierais de me donner
des leçons. N'ayant aucune distraction, j'aimerais
mieux étudier n'importe quoi que de travailler au
crochet toute la journée.

Si tu étais avec moi, ce serait bien différent ;
tout me plairait, la promenade, le travail, le beau
soleil, la pluie même, parce que tu es si gaie, si
gentille, si aimable, que ta présence seule suffit

pour chasser l'ennui. Mais tu ne ris pas maintenant, pauvre chère Louise, tu es accablée par la fièvre, incapable peut-être de lire cette lettre et d'y répondre. Qui sait même si tu peux encore penser à ta sœur, si tu te rappelles que tu en as une? Le médecin n'avait pu encore se prononcer sur ta maladie; mais s'il avait cru à une simple indisposition, il m'aurait permis de t'attendre quelques jours; nous serions parties ensemble, et l'air de la campagne aurait achevé de te guérir.

A moins que tu ne sois bien gravement malade, écris-moi tout de suite. Si je n'ai pas de tes nouvelles avant dimanche, personne ne pourra me retenir loin de toi, quand je devrais aller prendre en cachette la voiture qui passe au bout du jardin, avant que grand'maman soit descendue. Pauvre grand'maman, je ne voudrais pas lui faire de peine; mais si je te savais en danger, je ne pourrais demeurer sans te revoir. En danger! toi, ma Louise, ma bonne petite sœur! Oh! non, cela n'est pas, cela ne peut pas être; le bon Dieu n'enverrait pas une si cruelle épreuve à notre maman et à moi un si grand chagrin, sans compter grand'mère et mon oncle Henri, qui t'aiment de tout leur cœur. La perte de notre père a déjà été un si grand deuil pour nous tous, qu'il ne peut pas nous en arriver sitôt un second. Me voilà si tremblante, que je suis incapable d'achever cette lettre. Et puis, elle est trop longue et trop remplie de choses inutiles pour que je l'envoie à une pauvre malade, qui voudrait se fatiguer à la lire.

J'entends sonner le déjeuner, j'y vais, ma bonne Louise, puis je t'écrirai deux ou trois lignes seulement, et tu ne li.as jamais ces quatre grandes pages que j'avais barbouillées à ton intention. Je les jetterai au feu en rentrant, à moins que je ne les garde pour te faire voir, quand tu seras guérie, combien j'étais triste loin de toi, petite sœur tant aimée.

II.

Hier, en sortant du déjeuner, j'ai rencontré le facteur, qui m'a remis une lettre pour ma grand'-mère. J'ai reconnu l'écriture de maman ; et comme l'enveloppe n'était pas encadrée de noir, cela m'a un peu rassurée. Je voulais l'ouvrir tout de suite, mais j'ai pensé que ce serait mal et j'ai couru la porter à grand'maman.

Sa main tremblait en dépliant la feuille, et elle était encore plus pâle qu'à l'ordinaire ; mais un flot de sang monta aussitôt à ses joues ; et elle s'écria, avec un transport de joie et de reconnais-sance que je n'oublierai jamais : « Merci, mon Dieu ! elle est sauvée ! »

Ainsi, c'est vrai, Louise, tu as été très-grave-

ment malade, si malade, que maman te croyait
perdue ; mais le danger est passé et le docteur
répond de tout Je ne puis que dire, comme ma
grand'mère : « Merci, mon Dieu ! » Ah ! je le dis
du fond de mon cœur, ma sœur bien-aimée ; car
je n'ose penser à ce qui serait arrivé, si tu étais
morte. Maman n'aurait pas pu te survivre, j'en
suis sûre ; et quand elle l'aurait pu, quelle vie
aurait été la sienne ! Et moi donc, moi qui n'ai
pas d'autre amie que toi, moi qui ne t'ai jamais
quittée, et qui me trouve si à plaindre ici, parce
que tu n'y es pas !

Mais c'est fini, je ne serai plus triste, je ne
m'ennuierai plus.

J'entends rentrer mon oncle Henri, je cours lui
apprendre la bonne nouvelle....

Il la savait déjà, Louise. Grand'maman avait
envoyé Bernard à sa rencontre avec la lettre ; car
il dit toujours de quel côté il va chasser. J'ai vu
tout de suite que je n'avais rien à lui dire, tant il
avait l'air réjoui. Il m'a embrassée deux fois, pour
moi, puis pour Louise, m'a-t-il dit ; et comme je
lui jetais mes bras au cou, en disant : « Quel
bonheur, mon oncle ! quel bonheur ! » une grosse

larme qui roulait sur sa joue est venue tomber sur la mienne.

— Vous l'aimez donc bien, mon oncle? lui ai-je dit en lui montrant cette larme.

— De tout mon cœur, et toi aussi, Anna. N'êtes-vous pas mes enfants, depuis que vous avez perdu votre père?

Il n'y a pas de père qui puisse montrer plus de joie qu'il n'en éprouve de te savoir hors de danger. Il cause, il rit, il me taquine; ce n'est plus le même homme, et grand'maman se prête de si bonne grâce à cette gaîté, que je ne la reconnais pas plus que mon oncle. C'était l'inquiétude qui pesait sur nous tous qui rendait la maison si triste. Puis, quand mon oncle ne dit rien, grand'maman se tait aussi; car il n'y a que lui qui sache se faire entendre d'elle. Il ne parle pas plus haut que les autres, pas si haut que moi, tant s'en faut, et elle le comprend à merveille.

Aujourd'hui, je me suis levée de bon matin, et je me suis habillée sans faire de bruit; mais au moment où je me croyais sûre de sortir sans éveiller ma grand'mère, le parquet a crié sous mon pied et m'a dénoncée.

— Le courrier est passé il y a déjà plus d'un quart d'heure, m'a-t-elle dit en riant ; tu ne pourras partir aujourd'hui.

Je suis devenue toute rouge, et je me suis mise à genoux près de son lit, pour lui demander pardon de la peine que je lui avais faite.

— Eh bien ! oui, reprit-elle en me prenant la tête à deux mains, j'ai eu l'indiscrétion de lire ta lettre. C'est toi qui dois me pardonner. Mais où vas-tu donc? Pourquoi t'es-tu levée sitôt, toi qui trouves les journées si longues?

— Il ne faut pas m'en vouloir, grand'maman. Je vous promets de ne pas m'en aller sans votre permission.

— Je tâcherai de t'en ôter le désir, mon enfant, reprit-elle. Puisque tu aimes les livres, tu en auras ; et puisque tu as la volonté de t'instruire, ton savant oncle te donnera des leçons. Mais va, ma fille, je ne te retiens plus ; ce n'est pas pour rester près de moi que tu t'es levée de si bonne heure.

— Ce n'était pas pour cela sans doute ; mais ce n'était pas non plus pour prendre la voiture en cachette ; je comprends très-bien que maman a eu assez d'inquiétude et de chagrin, qu'elle est assez fatiguée d'avoir passé près de toi les jours et les nuits, sans que je m'expose à tomber malade à mon tour. Je m'étais levée tout simplement parce que la joie m'avait éveillée de bonne heure et que je voulais vous cueillir un bouquet.

Ma grand'mère aime beaucoup les fleurs, et mon oncle, pour lui faire plaisir, a réuni une nombreuse collection de rosiers. Je n'ai eu que l'embarras du choix, et mon panier a bientôt été rempli des plus belles roses que tu aies jamais vues. J'ai cueilli ensuite des phlox, du réséda, des œillets de Chine, et je suis rentrée avec une gerbe de fleurs que j'ai posée sur la grande table de la cuisine, pour en assortir de mon mieux les couleurs.

— Ta moisson est finie? me dit mon oncle, qui, déjà tout prêt à partir pour la chasse, fumait sa pipe au coin du feu.

— Oui, mon oncle. Voyez comme ces fleurs sont belles, ainsi couvertes de rosée. Quelles brillantes petites gouttelettes!

— Ce sont autant de diamants dont Dieu les pare chaque matin, dit mon oncle.

— Pourquoi ne leur laisse-t-il pas toujours cette parure? demandai-je assez sottement.

— Je pourrais te répondre que c'est afin que les paresseux ne les voient jamais dans toute leur beauté; c'est peut-être ce que je te dirais, si tu étais encore une enfant; mais tu es assez raisonnable pour comprendre que si la rosée ne brille que le matin, cela est dû à une cause quelconque, et que Dieu ne déroge pas, par caprice, aux lois qu'il a lui-même établies.

— Comment! c'est en vertu d'une loi de la nature que ces belles roses sont humides maintenant et ne le seront plus dans une heure?

— Sans doute. Sais-tu ce que c'est que la rosée?

— C'est une toute petite pluie, du moins si j'en juge par ce que je vois.

— Il faut donc supposer que cette toute petite pluie ne tombe que bien juste le temps de déposer sur les feuilles et les fleurs ces gouttelettes resplendissantes; autrement les plantes seraient mouillées et non pas couvertes de ce voile charmant. Je crois même qu'en supposant la pluie aussi fine que possible, et en ne lui donnant qu'une très-courte durée, les petites gouttes réunies en formeraient de grosses, qui tomberaient à terre ou resteraient isolées sur les feuilles.

— C'est vrai, mon oncle. Ces petites perles si régulièrement disposées ne peuvent être l'effet de la pluie.

— Il est à remarquer d'ailleurs qu'il n'y a de rosée que par un temps clair et calme. Quand le ciel est couvert et qu'il fait du vent, la rosée n'existe pas.

— Sait-on pourquoi, mon oncle?

— On ne le saurait pas si l'on ignorait ce que c'est que la rosée. Je vais donc te dire comment elle se forme. L'air contient, on a dû te l'apprendre, outre divers gaz, une certaine quantité de vapeur d'eau.

— Soixante-dix-neuf parties de gaz azote pour vingt et une parties de gaz oxygène, plus un millième, à peu près, d'acide carbonique, répondis-je bien vite, pour faire preuve de mon savoir.

— C'est cela même, reprit mon oncle. L'air est toujours ainsi composé, quand il est pur; lorsqu'il contient une plus grande quantité d'acide carbonique, il est vicié; et si cette quantité excède six centièmes, il devient impropre à la respiration.

— On nous a expliqué cela à la pension, parce qu'il y avait des élèves qui prétendaient qu'on ne devait pas ouvrir les fenêtres en hiver.

— Elles avaient grand tort. Nous aspirons l'air à l'état pur; mais quand nous le rejetons, après qu'il a passé par nos poumons, il a perdu l'oxygène qu'il contenait et l'a remplacé par une quantité à peu près égale d'acide carbonique. L'air d'une salle qui contient un certain nombre d'élèves est donc bientôt vicié; et si l'on n'avait pas soin de le renouveler, des accidents pourraient se produire, ou du moins une altération plus ou moins sensible de la santé de ces élèves serait à craindre.

— Il paraît que le danger est encore plus grand dans les salons où il y a beaucoup de monde, où les dames ont des bouquets, des fleurs naturelles dans les cheveux, et où brûlent un grand nombre de bougies?

— C'est la vérité. La flamme des bougies est alimentée par l'oxygène, et leur combustion produit de l'acide carbonique; les fleurs en exhalent aussi, et l'air, déjà vicié par la respiration des invités, devient bientôt impropre à l'entretien de la vie.

— Ainsi, mes belles roses dégagent de l'acide carbonique ? C'est presque incroyable : elles sentent si bon.

— Cela est pourtant. Ta bonne maman, qui aime tant les fleurs, en aurait toujours sur sa table, si ce danger n'existait pas. Elle se contente d'en avoir, le jour, un ou deux bouquets près d'elle ; mais, le soir, elle les fait enlever des appartements que l'on habite et surtout des chambres à coucher.

— Les plantes produisent donc plus d'acide carbonique la nuit que le jour ?

— Oui, mon enfant. Cette production de l'acide carbonique tient à un phénomène appelé respiration des plantes. Je vais te le décrire. La séve qui circule dans la tige est amenée aux feuilles par une multitude de petits canaux. Là, elle subit le contact de l'air atmosphérique, puis elle retourne par d'autres canaux nourrir et accroître le végétal. Voici les lois qui président à cette fonction :

1° Sous l'influence de la lumière, les feuilles et généralement toutes les parties vertes des plantes absorbent l'acide carbonique de l'atmosphère, le décomposent, retiennent le carbone dont s'enrichissent les tissus végétaux, et rejettent la plus grande partie de l'oxygène. Ces phénomènes constituent *la respiration diurne.*

2° Dans l'obscurité, les feuilles et autres parties vertes, et en tout temps les parties non vertes, absorbent l'oxygène de l'air et rejettent de l'acide carbonique. C'est *la respiration nocturne.*

Mon bouquet était achevé depuis quelques instants. Bonne maman, qui s'était assise devant son rouet, de l'autre côté de la cheminée, n'entendait pas tout ce que nous disions; mais elle voyait mon oncle assez animé et moi très-attentive, et elle nous souriait à tous les deux. Je lui offris mes fleurs, qu'elle reçut avec une grande joie.

— Voilà un bien beau bouquet, dit-elle. Mais je crois que tu auras bien plus de plaisir à faire un second tour dans le jardin qu'à parler oxygène et acide carbonique.

— Oh ! je vous assure que non, bonne maman, répondis-je ; je voudrais bien que mon oncle me dise ce que c'est que la rosée.

— Si cela ne t'ennuie pas trop, je te l'expliquerai ce soir, dit-il. Diane s'impatiente et mes amis m'attendent.

— Que vous êtes bon, mon oncle, lui dis-je en l'embrassant, d'avoir retardé pour moi l'heure de votre départ !

— Si ces petites leçons peuvent te plaire, répondit-il, je suis à ta disposition ; demande-moi tout ce que tu voudras.

— Elles me plaisent beaucoup, mon oncle. Je n'ai qu'un regret, c'est que Louise ne puisse pas en profiter comme moi.

— Qu'à cela ne tienne ! Nous les recommencerons l'année prochaine.

Notre chasseur s'était levé, Diane faisait autour de lui de folles gambades ; il tendit la main à grand'mère, qui la serra tendrement dans les siennes, et sortit en me disant un affectueux adieu.

Non, mon oncle, vous ne serez pas obligé de recommencer pour Louise les leçons que vous me donnez ; j'ai trouvé le moyen de vous en épargner la peine, tout en me procurant à moi-même le plaisir de causer avec ma bonne sœur, et de lui prouver que, pendant mes vacances, je n'ai cessé de penser à elle.

Après le déjeuner, nous avons fait une longue promenade dans le jardin ; puis, au lieu de prendre mon ouvrage, je lui ai demandé la permission d'aller écrire pour toi le résumé de la leçon commencée par mon oncle. Elle a beaucoup approuvé mon idée, et elle a même ajouté que, ne pouvant entendre ces explications, elle les lirait volontiers, parce qu'il n'est jamais trop tard pour s'instruire.

J'ai passé la matinée tout entière à écrire, et je ne me suis pas ennuyée un seul instant. Je ne suis pas sûre de t'avoir répété bien exactement les paroles de mon oncle ; mais j'ai fait de mon mieux, et grand'maman, à qui j'ai montré mon griffonnage, en a paru satisfaite....

Mon oncle aussi m'en a fait compliment. Il est rentré plus tôt qu'à l'ordinaire, et, après s'être un peu reposé, il a repris la leçon du matin.

— Tu sais, Anna, qu'outre l'oxygène, l'azote

et la très-petite partie d'acide carbonique contenus dans l'air pur, il s'y trouve une certaine
quantité de vapeur d'eau. Cette humidité de l'air
est utile à nos poumons; et quand elle est absorbée, on éprouve à la poitrine une impression de
sécheresse plus ou moins pénible. C'est pour cette
raison qu'on met de l'eau dans un vase sur un
poêle très-chaud. Cette chaleur, en vaporisant
l'eau, rend à l'air l'humidité qu'elle lui avait fait
perdre. La vapeur d'eau contenue dans l'atmosphère est enlevée par les rayons du soleil à la
surface de la terre, aux cours d'eau, fleuves ou
rivières, aux lacs, et surtout à la mer, qui est le
réservoir universel des eaux.

— Mais, mon oncle, les eaux de la mer sont
salées; il y a donc aussi du sel dans l'air?

— Les eaux de la mer sont salées, il est vrai;
mais les substances salines qu'elles contiennent
y restent, et les vapeurs qui s'élèvent de la mer
retombent en eau douce. Par une admirable disposition de la Providence, les eaux de la mer,
qui contiennent une multitude de végétaux et
d'animaux, sont assez salées pour ne jamais se
corrompre; elles s'élèvent dans les airs en vapeurs

qui forment les nuages ; les nuages donnent la pluie, qui féconde la terre, alimente les rivières et les fleuves, retourne à la mer, pour être vaporisée de nouveau, et y retourner encore. Avant de se réunir en nuages, l'eau réduite en vapeur séjourne dans l'air. Tu as déjà remarqué sans doute qu'une carafe pleine d'eau fraîche, qu'on apporte sur une table en été, se couvre, en quelques instants, d'une multitude de petites gouttes ?

— Des gouttes toutes pareilles à celles de la rosée.

— Précisément. C'est la même cause qui répand la rosée sur les plantes et cette multitude de petites gouttes sur la carafe. La chaleur a la propriété de dilater l'humidité de l'air ; le froid a celle de la condenser, c'est-à-dire de la réunir, de la resserrer et de la rendre plus pesante. La fraîcheur de l'eau contenue dans la carafe condense l'humidité répandue dans l'air, et cette humidité se dépose sur les parois du verre. Tu en as la preuve. Si la carafe reste assez longtemps sur la table pour que l'eau qu'elle renferme s'échauffe, les petites gouttes disparaissent, parce qu'elles retournent dans l'air à l'état de vapeur.

— Oui ; mais la rosée, mon oncle ?

— J'y arrive. Il faut d'abord te rappeler que si l'air est chaud en été, c'est parce que les rayons du soleil échauffent la surface de la terre, et que la terre renvoie cette chaleur aux couches d'air qui l'environnent. Celles qui en sont éloignées restent froides ; et à mesure qu'on s'élève dans l'atmosphère, ce froid augmente sensiblement.

— Pourtant, mon oncle, on se rapproche du soleil.

— Oui ; mais ce rapprochement est tout à fait insignifiant, si l'on songe à la distance énorme qui nous sépare de cet astre.

— Trente-quatre millions de lieues ; c'est beaucoup, j'en conviens.

— Et l'on n'est pas encore parvenu à s'élever même à deux lieues à l'aide d'un ballon, et nos montagnes les plus inaccessibles n'ont pas cette hauteur.

— Pourtant leurs sommets sont en tout temps couverts de neige ; ce qui prouve qu'il y fait toujours froid.

— Ta réflexion est très-juste. Nous admettons donc que les hautes régions de l'atmosphère sont glacées, et que les objets placés à la surface de la terre sont échauffés par les rayons du soleil. De ce nombre sont les plantes. Elles sont quelquefois tellement desséchées pendant l'été, qu'on les voit vers le soir incliner leur feuillage flétri.

— Mais la rosée les ranime, et le lendemain matin elles ont repris leur fraîcheur. Je crois deviner, par l'exemple de la carafe, que c'est l'humidité de l'air qui se dépose sur elles.

— Tu ne te trompes pas. Les plantes échauffées pendant le jour se refroidissent pendant la nuit, surtout quand le temps est clair, parce qu'il s'établit entre leur température et celle des hautes régions de l'air un échange qu'on nomme rayonnement. Cet échange n'échauffe guère les régions glacées ; mais il refroidit beaucoup les plantes : si tu poses ta main sur un bloc de marbre, elle ne l'échauffera pas beaucoup, mais elle se refroidira sensiblement.

— Et quand les plantes sont bien refroidies , elles produisent le même effet que la carafe pleine d'eau fraîche ?

— C'est-à-dire que l'humidité répandue dans l'air se condense et se dépose à leur surface.

— Où elle reste jusqu'à ce que, les plantes venant à se réchauffer ou le soleil à briller, elle retourne dans l'air à l'état de vapeur.

— A merveille, dit mon oncle; tu sais aussi bien que moi ce que c'est que la rosée, et tu pourras demain prendre tes précautions pour l'apprendre à Louise, quand tu la reverras.

Je n'ai pas voulu attendre au lendemain, chère petite sœur. J'aurais pu oublier quelque chose, tandis qu'en écrivant tout de suite la fin de la leçon, j'étais plus sûre de t'en rendre un compte exact. Il est neuf heures; je vais me coucher, et je m'endormirai en pensant à toi. Adieu! Bonsoir! Bonne nuit, pauvre petite malade, que j'aime tant !

III.

Aujourd'hui je me suis levée plus tard qu'hier, et j'en suis fâchée. C'est la faute à Marianne, la bonne de ma grand'mère. J'allais descendre du lit, mais elle m'a dit : « Ne vous levez pas, mademoiselle, il a gelé blanc, vous pourriez vous enrhumer. » J'avais encore sommeil, et ma paresse s'est si bien accommodée de ce conseil, que huit heures sonnaient au moment où j'entrais dans la cuisine.

— Je t'attendais, me dit mon oncle, pour te faire voir la rosée d'aujourd'hui; mais il n'est plus temps.

— Est-ce qu'il y en avait, mon onele? Marianne m'a dit qu'il gelait blanc.

— La gelée blanche n'est rien autre chose qu'une rosée qui se change en glace. Faut-il que je te dise quelle en est la cause ?

— Ce ne peut être que le grand froid des hautes régions de l'air.

— Ce n'est pas autre chose. Quand les plantes sont refroidies par le rayonnement, c'est-à-dire par l'échange qui s'établit entre leur température et celle des hautes régions de l'air, elles se couvrent de rosée. Si le rayonnement continue, elles se refroidissent de plus en plus, et les gouttelettes dont elles sont chargées se transforment en glace. La même chose a lieu sur les toits, qu'on voit tout blancs quand on se lève assez matin pour que cette glace ne soit pas fondue.

— La gelée blanche fait sans doute du mal aux plantes ; car grand'maman était fâchée de n'avoir pas rentré ses fleurs en pots,

— Elle leur en fait beaucoup. As-tu déjà remarqué que si l'on oublie, pendant l'hiver, d'ôter l'eau d'un vase exposé à la gelée, le vase se brise ?

— Je l'ai vu l'année dernière. Nous avions porté, le jour des Morts, un bouquet sur la tombe de papa. Nous y sommes retournées le dimanche suivant; il avait gelé; la potiche pleine d'eau dans laquelle nous avions mis nos fleurs était en morceaux.

— Sais-tu pourquoi ?

— Parce qu'elle n'était pas assez solide pour résister au froid; ce n'était que du verre dépoli.

— Un vase en terre, en porcelaine, en bois, en fonte même, éclaterait sous l'effort de la gelée tout comme s'il était de verre, surtout s'il se rétrécit par le haut. Ce n'est pas le froid extérieur qui a brisé ta potiche; c'est l'effort de l'eau qui tient plus de place quand elle se congèle que quand elle reste liquide. Cet effort est si grand, qu'il fait éclater les rochers dans lesquels l'eau s'infiltre et se congèle; tu peux juger de l'effet qu'il doit produire sur le tissu délicat des feuilles et des fleurs.

— Il le déchire, et il faut que la plante meure.

— Cela arrive immanquablement lorsqu'il gèle fort; aussi beaucoup de plantes périssent en hiver. Celles mêmes qui doivent vivre plusieurs années perdent leur feuillage, à l'exception de quelques-unes. Celles-ci diffèrent des autres par l'élasticité de leurs tissus ou l'épaisseur du vernis qui les recouvre.

— Ainsi, toutes les fleurs vont mourir, et le bouquet que j'ai fait hier sera le dernier de l'année?

— Oh! non; la gelée blanche n'a pas été assez forte pour cela. Elle est beaucoup plus à craindre au printemps qu'à l'arrière-saison, parce qu'au printemps, les feuilles sont encore très-tendres et que les fleurs des arbres, à peine sorties de la coque duveteuse dans laquelle elles ont dormi tout l'hiver, gèlent beaucoup plus facilement que la plupart de celles qui ornent maintenant nos jardins.

— Il n'a donc pas gelé au printemps dernier, mon oncle, puisque vous avez tant de beaux fruits?

— Il a gelé souvent, au contraire; mais nous avons sauvé nos espaliers en les garantissant du froid.

— Vous les avez enveloppés dans des couvertures?

— Nous aurions abattu les fleurs que nous voulions protéger. Une précaution plus facile à prendre a suffi. Je suis sûr que tu vas deviner ce que nous avons fait. Ecoute seulement ceci : il n'y a jamais de rosée, et par conséquent jamais de gelée blanche, quand le temps est couvert, parce que les nuages forment entre les plantes et les hautes régions de l'air un voile qui empêche le rayonnement.

— Vous avez étendu un voile quelconque au-dessus de vos arbres ?

— Oui, nous les avons abrités sous de légères toitures en paille, qui s'attachent au haut des murs.

— J'en ai déjà vu ; mais je ne savais à quoi elles pouvaient servir. Maintenant je l'apprendrai à celles de mes amies qui trouvaient comme moi que c'était un ornement bien mal choisi. Un jour, la bonne qui nous conduisait a demandé à un jardinier si ces vilains paillassons resteraient longtemps au-dessus des arbres, il a répondu : « Pendant toute la lune rousse. » Et nous sommes parties en riant, parce que nous avons pensé qu'il se moquait de nous.

— Il ne s'en moquait pas du tout. Les gelées du printemps ont lieu pendant les nuits claires ; et comme pendant ces nuits la lune brille au ciel, le vulgaire ignorant attribue à la lune les gelées qui brûlent les plantes, et il donne le nom de lune rousse à l'astre témoin, et non pas cause, du dégât qu'elles produisent.

— Je m'en souviendrai et j'empêcherai qu'on n'accuse injustement cette belle lune, aussi innocente que moi-même des torts qu'on lui reproche. Je suis bien contente de savoir tout cela, mon oncle ; sans vous, je ne l'aurais peut-être jamais su.

— Je pense que si. Autrefois on n'enseignait pas toutes ces choses-là à la jeunesse ; mais on commence à comprendre qu'elles sont aussi intéressantes à connaître que le nom des batailles gagnées par les Egytiens, les Perses, les Grecs ou les Romains. Ne va pas croire toutefois, ma chère Anna, que l'étude de l'histoire me paraisse inutile ; elle est au contraire fort instructive ; mais on peut, sans la négliger, s'occuper un peu plus qu'on ne le faisait jadis des phénomènes de la nature et des découvertes de la science.

— Quel dommage que nous ne puissions demeurer ici, mon oncle ! Que de belles choses vous nous apprendriez ! Je veux du moins profiter du temps que j'y passe ; et puisque je sais déjà ce que c'est que la rosée et la gelée blanche, il faut que vous me disiez ce que c'est que la pluie et la neige, qui viennent aussi de l'humidité de l'atmosphère.

— Je le veux bien. L'humidité que le soleil enlève à la surface de la terre, aux cours d'eau et surtout à la mer, reste à l'état de vapeur dans l'atmosphère, tant qu'elle y trouve une chaleur qui suffise à dilater ; mais quand elle ne l'y rencontre plus, elle s'y réunit et forme ces grandes masses blanches, grises ou noires, qu'on appelle nuages. Les nuages se soutiennent en l'air, pendant un temps dont la durée dépend encore de la chaleur qu'il y fait. Ils sont composés de petits globules qui renferment de la vapeur d'eau. S'il survient un courant froid, ces globules se resserrent, se condensent, deviennent plus lourds que l'air et tombent sur la terre, où on leur donne le nom de pluie.

— Mais, mon oncle, j'ai quelquefois vu tomber la pluie par un temps clair et un beau soleil. Elle ne venait donc pas de nuages?

— Non; elle venait de ce que l'humidité de l'air s'était condensée par un refroidissement subit de l'atmosphère, sans avoir le temps de se réunir en nuages. La même cause produit le serein, qui tombe souvent en été, après le coucher du soleil, sous la forme de petites gouttes imperceptibles. Quand on se promène le soir, dans l'herbe, avec des chaussures légères, on a les pieds humides, et l'on mouille le bord de ses robes. On dit alors que la rosée monte, et l'on a tort : c'est le serein qui tombe sans qu'on s'en aperçoive.

— La rosée ne monte pas, puisque c'est l'humidité de l'air qui se condense autour des plantes refroidies par le rayonnement. Quant à la neige, ce doit être de la pluie qui gèle en traversant des couches d'air très froides?

— C'est cela même; aussi, quand il fait très-froid et que le temps est couvert, on peut annoncer qu'il tombera de la neige. Les gouttes d'eau prennent, en se changeant en neige, la forme de petites étoiles très-élégamment découpées et quelquefois ornées à chacune de leurs pointes d'autres étoiles régulièrement disposées ; mais souvent elles s'accrochent les unes aux autres dans l'espace qu'elles parcourent et elles arrivent à terre en flocons irréguliers. Sur les montagnes, l'humidité de l'air, saisie par le froid, tombe en neige sans avoir le temps de se réunir en nuages.

— Est-il vrai, mon oncle, que, quand on parvient au sommet des montagnes très-élevées, on voit les nuages sous ses pieds ?

— Cela est très-vrai. Souvent les nuages flottent au sommet de plusieurs montagnes moins élevées que ces sommets ; on les voit alors de haut en bas, et non plus de bas en haut ; au lieu d'offrir l'apparence de masses arrondies, ils offrent des pointes, des crêtes, des irrégularités de toutes sortes.

— Et la grêle est sans doute formée comme la neige par le froid qui congèle l'eau des nuages ? Pourtant elle tombe plutôt en été qu'en hiver.

— Ta remarque est juste, ma chère Anna. La grêle tombe quelquefois en hiver ; elle tombe aussi pendant les giboulées du printemps ; mais c'est plutôt un grésil, c'est-à-dire une neige durcie, qu'une véritable grêle. C'est en été, pendant les plus grandes chaleurs, que se forment les orages et que la grêle est à craindre. Si tu habitais la campagne, tu verrais avec quelle inquiétude les laboureurs et les vignerons examinent le ciel aux approches de l'orage. Les nuages ne les effraieraient pas, s'ils ne contenaient que de la pluie ; car souvent la terre desséchée se fend et la sève manque aux plantes ; mais la grêle est un fléau dévastateur. Les grêlons varient beaucoup de formes et de grosseurs ; ils sont composés d'un noyau opaque, autour duquel sont étendues plusieurs couches de glace, et beaucoup de personnes ont peine à comprendre que de la glace puisse se former au milieu d'un air si lourd et si brûlant, qu'on se sent près de suffoquer.

— Cela est vraiment étonnant. Je ne me rappelle pas avoir jamais eu aussi chaud que l'année dernière, le jour où la grêle a cassé toutes les vitres des dortoirs et de la salle de récréation.

— Cependant, si tu réfléchissais un peu, il me semble que tu t'étonnerais moins. C'est la terre, je te l'ai dit, qui, en s'échauffant au contact des rayons du soleil, renvoie cette chaleur dans l'atmosphère.

— Oui, mon oncle, je m'en souviens. Il n'y a que les couches d'air voisines de la terre qui s'échauffent ; les hautes régions restent glacées.

— Cela est si vrai, que les montagnes situées sous la zone torride sont couronnées de neige comme les Alpes ou les Pyrénées ; seulement il faut monter un peu plus haut pour trouver dans ces climats brûlants la limite des neiges perpétuelles.

— Comment ! mon oncle, il y a de la neige sur les montagnes de l'équateur ! Je me figurais que ces montagnes étaient couvertes de beaux arbres, chargés de fruits délicieux.

— Souvent, en effet, on voit à leur base des palmiers magnifiques, des figuiers, des bananiers, et toute la splendide végétation dont nos plus belles serres ne peuvent nous donner qu'une très-imparfaite idée ; mais à mesure qu'on s'élève, cette végétation change d'aspect. A une certaine hauteur, on rencontre les arbres des zones tempérées ; puis on ne voit plus que des pins et des sapins, qui disparaissent à leur tour pour faire place à de petites plantes semblables à celles des sommets des Alpes, et enfin à des mousses et à des lichens, dernier effort de la nature.

— Je suis bien contente de savoir cela, mon oncle ; je ne m'en serais jamais doutée. A présent, je pense que la grêle n'est autre chose que de la pluie qui se transforme en glace dans des régions très-élevées de l'atmosphère.

— C'est l'opinion générale. Plus la chaleur est grande, plus les vapeurs qui forment les nuages peuvent s'élever. Alors, saisies par un froid très-vif, elles se congèlent au lieu de retomber en pluie. Toutefois, on n'est pas d'accord là-dessus ; car on a recueilli des grêlons qui pesaient plus de deux cents grammes, et il paraît difficile d'expliquer de quelle manière ils ont été formés. Il n'en tombe pas souvent d'un tel poids ; ceux-là pourraient tuer les hommes et les animaux, briser les branches de nos arbres, les ardoises même et les tuiles de nos toits ; mais quand des grêlons d'une médiocre grosseur sont chassés par un vent violent, ils coupent les épis, hachent les feuilles, meurtrissent ou entament les fruits, et détruisent en quelques minutes les plus belles récoltes. Quand la grêle est mêlée de pluie, elle fait moins de mal, parce que cette pluie la soutient et en amortit les coups. Ordinairement la grêle précède la pluie dans les orages ; dès qu'il pleut fort, on peut croire qu'il ne grêlera pas.

— Autrefois, j'aimais à voir tomber la grêle ; mais depuis que je sais qu'elle est nuisible, je ne l'aime pas plus que la neige et la pluie.

— La grêle est un fléau destructeur, mais la neige et la pluie sont une source de richesses. Sans la pluie, la terre serait frappée de stérilité. Le grain ne pourrait germer ; ou s'il germait, sa tige, bientôt desséchée, jaunirait sans pouvoir s'élancer et fleurir. Il en serait de même des arbres ; il n'y aurait ni feuilles ni fruits ; les champs, les forêts, les jardins seraient nus, et bientôt la famine dépeuplerait le monde. La pluie n'est pas agréable, j'en conviens, surtout quand elle tombe lorsqu'on a projeté quelque partie de plaisir ; mais on est forcé de la regarder comme un bienfait de la Providence.

— Vous avez raison, mon oncle ; dire qu'on ne l'aime pas, c'est parler en enfant étourdie ; car on doit aimer tout ce qui est utile, et on m'a dit souvent que Dieu n'a rien fait d'inutile.

— J'aime à te voir réfléchir ainsi, ma petite Anna; et plus nous causons ensemble, plus je reconnais que tu as de l'intelligence et du cœur.

Si je te répète cette phrase de mon oncle, ma chère Louise, ce n'est pas par vanité, quoique je sois obligée d'avouer qu'elle m'a fait un très-grand plaisir. Je suis devenue toute rouge, je l'ai bien senti; mais c'était de joie plutôt que de modestie, parce que j'ai pensé tout de suite que si maman lit ce que j'écris pour toi, elle sera bien contente de savoir que mon oncle est satisfait de la manière dont elle nous élève et nous fait élever. S'il y a quelque chose de bon en nous, c'est à notre maman et à nos maîtresses que nous le devons; elles prennent tant de peine pour nous corriger de nos défauts et nous inspirer le désir de nous instruire, qu'il faut bien que nous fassions quelques efforts pour les contenter. Combien y a-t-il d'enfants ignorants et grossiers qui vaudraient beaucoup mieux que nous, si on leur donnait les soins dont quelquefois nous profitons si peu ! Je dis *nous*, chère petite sœur ; j'ai tort ; car tu es bien plus douce, plus soumise et meilleure que moi. Je te dois aussi beaucoup ; car, sans ton exemple, sans tes conseils, sans ta bonne et patiente amitié, je serais restée parmi les plus médiocres élèves, et je n'aurais pas obtenu aujourd'hui, de mon oncle, ce témoignage qui me rend si heureuse.

Grand'maman était là, toujours à son rouet ; mon oncle lui a répété la phrase qu'il venait de m'adresser. J'ai vu ses yeux briller de tendresse et de joie ; elle m'a embrassée, et elle a répondu ;

— Mes petites-filles avaient un si bon père et elles ont une si digne mère ! Elles grandiront en science, en sagesse, et Dieu les bénira.

— Je voudrais bien savoir, mon oncle, à quoi peut servir la neige. Quand elle tombe, il n'y a pas de plantes à arroser.

— En es-tu bien sûre, Anna ? Tu ne sais peut-être pas qu'on sème le blé avant l'hiver, et qu'il pousse presque aussitôt. La neige, qui recouvre ses jeunes tiges, les défend du froid et empêche les fortes gelées de les déraciner. Puis, la neige fond lentement et pénètre peu à peu dans la terre, tandis que la pluie suit la pente des terrains et souvent ne les mouille qu'à la surface. Il en résulte que le sol est profondément imbibé quand reviennent les beaux jours, et la végétation en est plus forte et plus active. La fonte des neiges détruit aussi une multitude d'insectes qui cherchent un abri dans la terre; enfin, elle alimente les sources sans les gonfler aussi rapidement que les grandes pluies.

— Vous dites, mon oncle, que la neige préserve du froid les jeunes pousses du blé; la neige elle-même est bien froide

— Pas autant que tu le crois. Dans les contrées où elle tombe en abondance, comme en Russie, il n'est pas rare que les voyageurs surpris par la nuit ou par la tourmente s'y creusent un abri, y demeurent ensevelis pendant un temps plus ou moins long, et échappent ainsi à une mort presque certaine.

— On voit souvent en hiver les arbres tout blancs sans qu'il ait neigé. D'où cela peut-il venir, mon oncle?

— Cela vient de ce que le brouillard qui s'y dépose est saisi par un froid vif et y forme de petites étoiles semblables à la neige. Plus le brouillard est épais, plus les arbres sont chargés de ces vapeurs congelées auxquelles on donne le nom de givre. On en voit qui représentent des guirlandes et pendent comme des girandoles; c'est une brillante parure, quelquefois fatale aux arbres qui la portent; car plus d'une branche peut se briser sous ce poids.

— J'ai déjà vu bien des brouillards ; mais je ne sais pas comment ils se produisent.

— Les brouillards sont des vapeurs qui s'élèvent de la terre humide, des rivières, des lacs, des marais, et qui, rencontrant des couches d'air froid, se condensent sans pouvoir s'élever. L'eau ne se refroidit pas autant que l'air pendant la nuit ; aussi arrive-t-il souvent que la vapeur qui s'élève au-dessus des rivières, au lieu de se dilater dans l'air, s'y resserre et s'y condense, en formant un nuage au-dessus de ces cours d'eau. Les brouillards sont réellement des nuages qui ne peuvent s'élever ; les vapeurs qu'ils contiennent forment de petites vésicules plus lourdes que l'air et donnent lieu à une pluie très-fine, qu'on nomme bruine. On ne la voit pas, on la sent à peine, mais elle mouille nos vêtements. Le brouillard ne se résout pas toujours en bruine ; quand l'air se réchauffe, les vapeurs s'élèvent et se dissipent ; mais on remarque qu'elles ne tardent guère à retomber en pluie.

— Il y a souvent des brouillards en Angleterre, n'est-ce pas, mon oncle ?

— En Angleterre et dans tous les pays où le sol est humide et l'air froid. Les contrées voisines de la mer en ont aussi leur part, et il n'est pas rare que les navigateurs en soient enveloppés.

— Cela doit être dangereux ; car ils ne voient plus leur route.

— Non ; mais elle leur est indiquée par l'aiguille aimantée, qui toujours se dirige vers le nord ; sans ce précieux secours, ils risqueraient de s'égarer.

— On nous a dit bien des fois que la boussole est pour le marin ce qu'est pour nous la crainte de Dieu.

— Et l'on a bien dit, ma chère Anna. C'est là le seul guide qui ne trompe jamais.

Il est quatre heures ; mon oncle m'appelle pour sortir en voiture avec grand'maman. Si tu étais de la partie, ma bonne Louise, je serais enchantée de prendre ce plaisir, après avoir travaillé de mon mieux. Cela ne se peut pas. Tâche au moins de m'écrire, quand ce ne serait qu'une ligne, pour que je sois bien sûre que ta maladie ne doit plus inspirer aucune inquiétude.

IV.

Je ne savais pas hier où nous allions nous promener; j'ai été bien contente quand j'ai vu que
nous prenions le chemin de Vallonville. J'ai tout
de suite reconnu la ferme de notre cousin Pierre,
et lui-même qui revenait de la charrue avec un
domestique; mais je n'ai pas reconnu Suzette, la
gentille Suzette, qui a si souvent joué avec nous,
il y a trois ans. Ce n'est plus la petite paysanne
en jupons courts dont le patois nous faisait tant
rire; c'est une belle demoiselle, qui a presque
toute la tête de plus que moi, qui est mise avec
simplicité, mais avec goût, qui salue gracieuse-
ment et qui parle fort bien.

J'avais demandé de ses nouvelles en arrivant à Beaumont; ma grand'mère m'avait dit qu'elle n'était pas encore revenue de sa pension, où les vacances ne se donnent qu'à la fin de septembre, et que sans doute elle ne manquerait pas de venir nous voir dès qu'elle serait de retour.

Elle était assise sur le banc devant la porte de la ferme, et elle tenait sur ses genoux son petit frère, à qui elle montrait les gravures des livres qu'elle avait reçus pour prix. Dès qu'elle nous aperçut, elle courut annoncer notre arrivée à sa mère, et elle revint plus vite encore pour nous souhaiter la bienvenue. Elle embrassa bonne maman et mon oncle; puis elle me combla de caresses, tout en s'informant de toi et en me témoignant le regret le plus sincère de te savoir malade. Elle nous fit entrer, et s'occupa de nous avec autant de politesse que d'affection, pendant que ma tante préparait à la hâte un excellent dîner.

Nous avons passé très-agréablement la soirée; car notre visite a fait le plus grand plaisir au cousin Pierre et à sa femme. On voyait qu'ils étaient ravis des éloges donnés à leur fille par ma grand'-

mère et par mon oncle Henri. Ce sont des gens simples et peu instruits, mais qui ont assez de bon sens pour se reconnaître incapables de juger du savoir de Suzanne, et qui sont heureux d'apprendre qu'ils ne l'admirent pas plus qu'elle ne le mérite. Ce que je trouve de plus beau en elle, c'est le respect qu'elle leur témoigne; c'est sa modestie, sa douceur, et la patiente bonté dont elle fait preuve envers les deux marmots qui la harcèlent sans relâche.

Elle a parfaitement profité des trois années qu'elle vient de passer dans un pensionnat de Nancy; elle s'y plaisait on ne peut mieux; mais elle n'y retournera pas, quoiqu'elle soit encore bien jeune.

— Je n'ai pas quinze ans, dit-elle; mais je suis forte et maman ne l'est plus. C'est à moi de la remplacer dans les soins du ménage, et d'élever ces deux enfants comme elle m'a élevée. Je voudrais pouvoir continuer à m'instruire, mais cela ne se peut pas; et il faut bien que je me console, en pensant que j'en sais assez pour une paysanne. Mais vous, Anna, ajouta-t-elle, vous étudierez encore longtemps. Vous êtes bien heureuse.

Elle dit ces derniers mots à voix basse pour ne pas faire de peine à ses parents. En voyant combien elle était sincère dans l'expression de ce regret, je me reprochai d'avoir si souvent désiré d'être en âge de quitter pour toujours la pension.

Ma grand'mère invita Suzanne à venir à Beaumont avec nous ; mais les bambins se mirent à crier qu'ils voulaient leur Suzette, que si elle partait, ils partiraient avec elle, et le cousin Pierre, qui ne se souciait pas non plus de s'en séparer sitôt, promit de l'amener dans quelques jours.

Il était dix heures quand il consentit à faire mettre le cheval à la voiture qui nous avait amenés ; mais le temps était magnifique, et l'air aussi doux qu'en plein été. La lune n'était pas encore levée et des milliers d'étoiles brillaient sur le bleu sombre du ciel.

— Si nous voulions étudier les astres, dit mon oncle, nous ne pourrions désirer une plus belle nuit.

— Pourquoi ne les étudierions-nous pas ? demandai-je. Avec un maître comme vous, mon oncle, on ne se lasse jamais d'apprendre. Quel dommage pour Suzette que le cousin Pierre ne soit pas aussi savant que mon oncle Henri !

— Bah ! le cousin Pierre connaît bien des choses que j'ignore. C'est un homme actif, laborieux, intelligent, un bon père de famille ; crois-moi, ma fille, il n'a rien à envier à qui que ce soit. Il ne s'inquiète pas de savoir si le soleil et la lune tournent autour de la terre ; mais il sait bien que c'est Dieu qui nous donne le jour et la nuit, il l'en remercie, il l'adore et il travaille pour lui obéir.

— Mais, mon oncle, tout le monde sait bien que le soleil ne tourne pas autour de la terre ; que c'est la terre qui, en tournant sur elle-même, lui présente tantôt une de ses faces et tantôt l'autre.

— Tu as appris cela dans tes livres, et on te l'a fait comprendre, c'est fort bien ; mais ceux qui ne jugent que sur les apparences, et il y en a beaucoup, voient le soleil se lever tous les matins au-dessus de la forêt qui est à ta droite, et se coucher tous les soirs derrière la côte qui est à ta gauche. Ils voient la lune paraître à l'orient et disparaître à l'occident, suivie dans sa course par un certain nombre d'étoiles. Quand tu leur dirais que c'est la terre qui présente successivement toutes ses faces à la lumière du soleil ; que si la lune tourne autour de la terre, ce n'est pas en vingt-quatre heures, et que les étoiles ont des mouvements tout à fait indépendants de ceux de la lune, ils te répondraient qu'ils ont des yeux et qu'ils aiment mieux s'en rapporter à ce témoignage que d'écouter des gens qui n'en savent pas plus qu'eux là-dessus, puisque personne n'a pu s'assurer de ce qui se passe là-haut.

Mais, mon oncle, je leur demanderais si, quand ils vont en wagon, ils ne voient pas les arbres, les clochers, les fils du télégraphe glisser rapidement devant eux, et si c'est une raison pour qu'ils croient que tout cela marche et que le wagon reste immobile.

— Ils te diraient qu'ils ont la preuve du contraire, puisque, partis d'une station, ils arrivent à l'autre, tandis que tu ne peux pas leur donner la preuve du mouvement de rotation de la terre.

— Cette preuve n'existe donc pas, mon oncle ?

— Tu veux dire la preuve positive, la preuve

matérielle. Les savants l'ont trouvée ; mais ceux qui nient le mouvement de la terre ne la comprendraient pas, et je ne sais comment je pourrais te l'expliquer. Tu sais ce que c'est qu'un pendule ?

— J'ai lu dans la *Vie des grands hommes* que Galilée avait découvert le pendule en examinant le balancement régulier d'une lampe d'église, et qu'on avait imaginé plus tard de faire marcher les horloges à l'aide du pendule. Maman, à qui j'ai demandé des explications, m'a dit que la lentille d'une horloge et la tige de fer qui supporte cette lentille forment ce qu'on appelle un pendule.

— Elle a sans doute ajouté que de là vient le nom de pendule donné aux horloges portatives auxquelles on a adapté ce régulateur ?

— C'est possible ; mais je ne m'en souviens pas.

— Ta mémoire ne te fait pas défaut relativement à Galilée. C'est lui qui le premier constata que les petites oscillations du pendule se font très-sensiblement en temps égaux. C'est Huyghens qui, le premier, appliqua le pendule comme régulateur aux horloges en 1657, et le ressort spiral aux montres en 1665. Enfin, récemment, M. Foucault, savant français, a fait servir le pendule à la démonstration expérimentale du mouvement de rotation diurne de la terre; ses calculs, que tu ne pourrais comprendre, s'appuient sur le déplacement du plan d'oscillation du pendule. Mais toute personne sensée n'a besoin que d'un peu de réflexion pour se convaincre de la rotation de la terre.

— Puisque le soleil est un million quatre cent mille fois plus gros que la terre, il me paraît juste qu'il n'en soit pas le très-humble serviteur, et que la terre, qui a besoin de sa lumière, se dérange un peu pour la recevoir.

— C'est aussi mon avis; mais si la terre ne tournait pas sur elle-même pour nous donner le jour et la nuit, ce ne serait pas seulement le soleil qui serait obligé de tourner autour d'elle, mais le ciel entier, avec ses innombrables étoiles, qui sont autant de soleils, plus gros que le nôtre et suspendus à des distances immenses les uns des autres. Ce n'est pas tout encore : il est à croire que chacun de ces soleils a sous sa dépendance un certain nombre de planètes, qu'il devrait entraîner avec lui dans cette révolution autour de la terre, et il faudrait à tous ces astres une fabuleuse vitesse pour l'accomplir en vingt-quatre heures, puisque les étoiles les plus rapprochées de nous en sont encore à des distances presque incalculables. Il faudrait donc être privé de raison pour s'obstiner à nier la rotation de la terre.

— Cependant, mon oncle, Dieu peut tout ce qu'il veut.

— Rien n'est plus certain ; mais Dieu a marqué toutes ses œuvres du sceau de la sagesse infinie et de la plus sublime simplicité. Dieu est d'ailleurs le créateur de tous les astres, comme il est celui de la terre, et il faut bien nous mettre dans l'esprit que ce globe que nous habitons, et qui nous paraît si grand, n'est qu'un atome dans l'immensité des espaces. L'orgueil de l'homme le porte à se figurer que la terre est le centre du monde, que le soleil a été créé pour l'éclairer et la féconder, que les cieux ne sont qu'une magnifique voûte étendue sur nos têtes, et que Dieu l'a semée d'étoiles comme un habile artiste brode de perles et de diamants le manteau d'un roi. Nous prendrions une tout autre idée de la puissance du Créateur et de notre petitesse, si nous pouvions parcourir les espaces sans bornes dans lesquels se meuvent des milliers d'astres qui nous seront toujours inconnus. Quand nous aurions des ailes infatigables et que nous monterions pendant des siècles à travers ces régions, nous n'en atteindrions pas les limites, et nous ne pourrions compter les mondes lumineux étalés sous nos pieds. C'est par millions qu'on les découvre dans les taches blanchâtres qui forment au ciel cette large ceinture appelée la voie lactée, et l'on suppose que notre soleil n'est qu'une des étoiles de cette bande magnifique. S'il nous paraît si différent des autres, c'est parce qu'il est très-rapproché de nous, quoiqu'il en soit encore à trente-huit millions de lieues. Qu'est-ce que trente-huit millions de lieues dans les espaces infinis? Tu peux en juger, Anna : la lumière du soleil nous arrive en moins de neuf minutes ; il est vrai que la lumière parcourt soixante-dix-sept mille lieues par seconde ; mais il y a des étoiles qui sont tellement éloignées de nous, que si elles venaient à s'éteindre aujourd'hui, les enfants de nos enfants les verraient encore briller à la place où nous les admirons, parce qu'elles mettent plus d'un siècle à nous envoyer leur lumière. On assure même qu'il y en a qui continueraient d'être visibles au bout de plusieurs milliers d'années.

— Mais comment pourrait-on voir encore une étoile qui serait éteinte?

— Parce que le rayon lumineux qui en serait parti avant qu'elle rentrât dans le néant mettrait un temps plus ou moins long à parvenir jusqu'à nous, et que la durée de ce temps serait proportionnée à l'éloignement de l'étoile. Tu vois bien qu'à raison de soixante-dix-sept mille lieues par seconde, il faut que cet éloignement soit prodigieux pour que la lumière mette des milliers d'années à traverser les espaces. Nous n'avons pas de nombres qui puissent énoncer cette distance ; une fois que les chiffres s'alignent en de telles proportions, ils ne disent plus rien à l'esprit, et l'on ne sait vraiment quelle image employer pour donner une idée des hauteurs auxquelles sont suspendus des astres immenses que les instruments les plus perfectionnés ne nous permettent d'apercevoir que comme des points lumineux.

— Est-il donc possible que les astronomes aient mesuré ces distances? Et s'ils ne les ont pas mesurées, comment peuvent-ils les apprécier?

— Ils ont mesuré, par des moyens qu'il me serait difficile de t'expliquer, mais dont les mathématiciens reconnaissent la justesse, l'espace qui nous sépare des étoiles les plus rapprochées de nous, et ils ont calculé que ces étoiles brilleraient encore d'un éclat égal à celui des étoiles de sixième grandeur, c'est-à-dire qu'elles resteraient visibles à l'œil nu, si elles étaient transportées à une distance douze fois plus considérable; et comme on range les étoiles en dix-huit classes ou grandeurs, on arrive pour les dernières à des distances qui effraient l'imagination, comme la pensée de l'infini et de l'éternité.

— Quand je me promenais le soir, j'admirais ces belles étoiles qui brillaient au ciel; mais je les admirais un peu comme ces bonnes gens qui croient qu'elles sont là pour le plaisir de leurs yeux. Mais je les admirerai bien davantage en me rappelant tout ce que vous venez de me dire. Que vous êtes heureux, mon oncle, d'être si savant! Vous m'inspirez un grand désir de m'instruire; car si les ignorants ont des yeux comme vous, ce n'est pas une raison pour qu'ils voient ce que vous voyez.

— Ce que je sais est bien peu de chose, mon enfant; mais j'aime l'étude, et surtout celle de la nature, parce que je crois que non-seulement elle nous fait voir une foule de choses qui échappent aux ignorants, mais qu'elle nous enseigne à bien vivre.

— Il me semble, mon oncle, qu'il n'y a pas beaucoup d'étoiles de première grandeur, dis-je en promenant un regard sur le ciel.

— Il n'y en a que dix-huit; encore ne sont-elles pas toutes aussi belles les unes que les autres; mais il ne faut pas regarder comme certain que ces dix-huit étoiles surpassent en grosseur celles qui ne sont visibles qu'au télescope. Les astronomes pensent que si elles brillent d'un plus vif éclat, c'est parce qu'elles sont beaucoup plus rapprochées de nous. Il ne faut pas te figurer non plus que les étoiles qui forment une constellation soient rapprochées les unes des autres ou aient entre elles certains rapports. On leur a donné des noms pour la plupart empruntés à la mythologie et se rapportant le plus souvent fort peu à l'image qu'elles nous présentent. Les modernes ont conservé ces noms; mais ils ont découvert des légions d'autres étoiles entre les astres d'une même constellation, et l'on en découvrira sans doute encore à mesure que les télescopes se perfectionneront. Tels qu'ils sont, ils dévoilent à nos yeux étonnés des merveilles inouïes; ainsi l'on aperçoit des milliers de soleils dans les taches blanchâtres appelées nébuleuses; on remarque des étoiles dont l'éclat varie à diverses époques; d'autres qui sont doubles ou triples, et dont la lumière, au lieu d'être blanche, comme celle de notre soleil, est rouge, jaune, verte ou bleue.

— Oh! que je voudrais voir tout cela, non pas seulement à l'aide du télescope, mais d'assez près pour en bien juger!

— C'est un vœu que tu n'es pas seule à former, ma petite Anna; bien des savants auraient sacrifié leur fortune et leur vie pour pénétrer ce mystère.

En ce moment la lune se montra brillante derrière la masse imposante de la forêt, et son apparition fit pâlir l'éclat des étoiles.

— Voici la reine de la nuit, dit ma grand'mère, jusque-là silencieuse.

A peine avait-elle pu entendre quelques mots de notre conversation, couverte par le bruit des roues ; mais elle n'était pas moins frappée que nous de la beauté du ciel ; car son attitude était celle du recueillement.

— Oui, répondit mon oncle, voici la reine de la nuit, qui vient prendre possession de son empire. Quand la lune verse sur nous sa blanche lumière, nous oublions les étoiles, en comparaison desquelles la lune n'est pourtant qu'un grain de sable.

— Cela peut être, cela est, puisque tu le dis, reprit bonne maman ; mais nous aimons la lune à cause des services qu'elle nous rend. Que les étoiles soient autant de soleils et même des soleils plus beaux que le nôtre, je le veux bien ; mais je préfère à tous les autres celui qui éclaire et féconde la terre. Après le soleil, c'est la lune que j'estime le plus, parce qu'elle nous rend de grands services.

— Vous avez raison, ma mère, dit l'oncle Henri ; les étoiles si nombreuses et si magnifiques ont à régir des mondes différents du nôtre, tandis que la lune semble veiller sur nous pendant la nuit. C'est un gardien fidèle, un serviteur infatigable, qui ne nous prive quelquefois de sa présence que pour nous la rendre plus chère.

— La lune n'est pas un astre lumineux comme les étoiles, n'est-ce pas, mon oncle?

— Non, puisque c'est un corps de la même nature que notre terre. Elle brille dans le ciel d'un doux éclat, parce qu'elle réfléchit la lumière du soleil. Si nous pouvions arriver jusqu'à la lune, nous verrions la terre, jouant son rôle d'astre, éclairer splendidement la nuit, car elle est beaucoup plus grosse que son satellite. En prolongeant notre voyage jusqu'à la planète de Vénus, que tu vois resplendir là-bas comme une belle étoile, nous verrions encore la terre ; mais elle ne nous paraîtrait guère plus grosse que Vénus ne nous paraît; et si nous allions encore plus loin, elle diminuerait de grandeur jusqu'à ce qu'elle disparût tout à fait.

— Ainsi, les habitants de la lune, s'il y

en a, voient la terre sous la forme d'une grosse lune?

— D'une lune qui tantôt n'offre qu'un mince croissant, puis un demi-cercle, et tantôt présente, dans toute sa rondeur, un disque quatorze fois plus large que celui de la lune.

— Mon oncle, je vous en prie, donnez-moi encore quelques détails sur la lune.

— La constance qui caractérise les taches de la lune a permis de les observer avec le plus grand soin. Tout porte à croire qu'elles sont dues à des excavations au fond desquelles l'ombre est portée par les bords. Dans cette hypothèse, les parties claires sont des plaines ou des montagnes. Ces derniers accidents existent très-certainement à la surface de la lune.

A l'aide de puissants télescopes, on y distingue parfaitement des inégalités qui ne peuvent être que des montagnes; car elles portent dans la plaine qui leur sert de base, des ombres qui, selon la position du soleil, tournent, augmentent ou diminuent comme les ombres terrestres. D'ailleurs, si la lune était une sphère parfaite, exempte d'aspérités, la ligne qui sépare l'ombre de la lumière vue de la terre serait bien tranchée ; mais il n'en est pas ainsi : elle se montre toujours avec des déchirures et des dentelures profondes qui indiquent des cavités et des points proéminents.

Sur la partie non éclairée du disque, on aperçoit quelques points brillants ; ce sont les sommets des montagnes assez élevées pour être éclairées par les rayons du soleil, quoique leur base soit encore plongée dans l'obscurité. On est arrivé à déterminer leur hauteur en mesurant avec un instrument nommé micromètre la distance qui sépare ces points lumineux de la ligne de séparation d'ombre et de lumière.

On a trouvé dans l'hémisphère lunaire tourné du côté de la terre, 22 montagnes dont la hauteur dépasse 4,800 mètres ; quelques-unes atteignent 7,600 mètres, 2,800 mètres environ de plus que le mont Blanc. Si l'on réfléchit que la lune est beaucoup plus petite que la terre, on conclut immédiatement que les aspérités de notre satellite sont bien plus saillantes que celles du globe que nous habitons.

La lune, beaucoup plus rapprochée de nous, a pu être étudiée avec plus de succès ; cependant on sait que la planète Vénus est, comme la terre, enveloppée d'une atmosphère ; on sait aussi que toutes les planètes ont un mouvement de rotation, qui leur donne le jour et la nuit, et un mouvement de révolution autour du soleil. On a pu aussi mesurer la grosseur des planètes, parce qu'elles sont très-rapprochées de nous, si l'on compare ces distances, bien grandes pourtant, aux distances immenses des étoiles. Ainsi, l'on sait que la planète Jupiter est quatorze à quinze cents fois plus volumineuse que la terre ; et quoique nous en soyons séparés par deux cents millions de lieues environ, son éclat rivalise avec celui de Vénus et le surpasse même quelquefois. Un très-habile astronome anglais, Herschell, après avoir construit un télescope gigantesque, établissait d'une curieuse façon les rapports de grosseur que les planètes ont entre elles. « Si Jupiter, disait-il, est représenté par une orange moyenne, Saturne le sera par une petite orange, Uranus par une grosse cerise, la terre par un pois, Vénus par un autre pois un peu plus petit, Mars par une grosse tête d'épingle, et Mercure par un grain de moutarde. Le soleil, en suivant les mêmes proportions, serait figuré par un globe de deux mètres de circonférence. »

Mon oncle eut la bonté de me répéter deux fois cette comparaison, et je me promis de m'en souvenir. Je le priai aussi de me montrer Jupiter; et quand nous aurons le bonheur de passer ensemble une belle soirée, je ne serai pas embarrassée de te le montrer à mon tour. Le soir, Vénus, avec laquelle cette planète pourrait être confondue, paraît au couchant, et Jupiter se voit au milieu des constellations du zodiaque. J'apprendrai à connaître les principales pendant les quinze jours que je passerai encore ici; et je les remarquerai si bien, qu'en deux ou trois soirées, je te rendrai aussi savante que je le serai moi-même.

Rien qu'en pensant à cela, je ne puis plus m'ennuyer. J'ai d'ailleurs tant de plaisir à recevoir les leçons de mon oncle; je suis si reconnaissante de ce qu'un homme comme lui veuille bien causer sérieusement avec une petite fille comme moi, que, sans le désir que j'ai de vous revoir bientôt, ma bonne mère et toi, ma chère Louise, je voudrais passer à Beaumont trois mois plutôt qu'un.

Je m'habitue aussi à causer avec grand'maman ; je me fatigue moins et elle m'entend mieux. Je crois que depuis qu'elle a refait connaissance avec moi, en lisant la première lettre que je t'ai écrite, elle devine plus facilement ce que je dis, parce qu'elle sait ce que je pense.

Nous sommes bien heureuses, ma Louise, d'avoir de si bons et si dignes parents : notre grand'mère est vénérée de tout le monde, et chacun aime mon oncle Henri, parce que, s'il est savant, cela ne l'empêche pas d'être aussi simple, aussi obligeant, aussi affable que s'il n'était qu'un paysan comme ceux qui l'entourent.

Je remarque maintenant bien des choses auxquelles je ne faisais pas encore attention il y a trois ans, et rien qu'à voir le respect et l'affection que témoignent à ma grand'mère et à mon oncle les gens qui se trouvent chaque jour sur notre chemin, je reconnais qu'au village comme à la ville, la vraie bonté sait gagner tous les cœurs.

V.

Tu es guérie , ma chère Louise; et pour que
nous n'en doutions plus, maman nous dit que tu
as pu, en t'appuyant sur son bras, faire le tour de
notre jardin. Ce n'est pas beaucoup, car il est bien
petit; il faut que tu aies été très-sérieusement
malade pour que cette promenade de deux ou
trois minutes soit regardée comme un heureux
événement. Je n'ai pu m'empêcher de pleurer à
cette idée; mais mon oncle a changé ma tristesse
en joie, car il a ajouté :

— Puisque Louise va si bien, rien n'empêchera
ma sœur de nous l'amener dans une quinzaine
de jours.

Si c'était vrai, quel bonheur ! Mais pourquoi pas ? Dans quinze jours tu seras forte, et le voyage n'est pas pénible. Deux heures de chemin de fer, qu'est-ce que cela ? Il est vrai qu'il faut encore une heure pour venir de la dernière station ; mais nous t'attendrons à la gare avec une très-bonne voiture, et mon oncle dit que si le temps est beau, il n'y aura pas le moindre danger.

Il pleut fort depuis midi ; mais c'est une pluie d'orage, et nous ne sommes pas encore à la saison où l'on doit craindre qu'il ne fasse mauvais long-temps.

J'étais seule en haut quand il a commencé à tonner. Le jour de notre promenade à Vallonville, j'avais dérangé mes effets pour retrouver les cadeaux destinés à Suzette et à ses petits frères ; et j'étais occupée à remettre mon armoire en ordre quand les premiers roulements se sont fait entendre. Tu sais combien l'orage m'effraie ; mais je voulus faire bonne contenance, et je continuai ma besogne tant que ces roulements me parurent éloignés. Je n'avais pas fini quand un coup terrible fit trembler les vitres. Je me bouchai les oreilles, je descendis l'escalier en courant, et je vins me blottir entre la grande boîte de l'horloge et les genoux de ma grand'mère.

— Est-ce qu'il tonne fort ? me demanda-t-elle.

— Ah ! bonne maman, répondis-je, que vous êtes heureuse de ne pas entendre !

— Que Dieu t'épargne ce bonheur-là ! reprit-elle en souriant avec un peu de tristesse. Si je n'entends pas le tonnerre, je n'entends pas non plus le chant des oiseaux, ni les douces paroles de mes enfants, ni les gaies causeries de mes amis. Tu vois bien que, quand j'aurais peur du tonnerre, j'aimerais encore mieux l'entendre que de perdre tout cela ; mais je n'en ai pas peur le moins du monde.

— Vous dites cela pour me rassurer, grand'mère.

— Non, mon enfant. Il n'est jamais permis de mentir, même quand ce serait pour procurer un bien ou pour empêcher un mal.

— Oh ! quels éclats ! m'écriai-je en me bouchant de nouveau les oreilles.

— Il commence à pleuvoir, et Henri n'arrive pas ; c'est là seulement ce qui m'inquiète.

— Me voici, ma mère. Il n'est pas trop tôt; nous allons avoir une rude averse, dit mon oncle, en se débarrassant de son fusil et de son carnier. Où est donc Anna?

— Ici, répondit bonne maman. Elle se cache, parce qu'elle a peur du tonnerre.

— Peur du tonnerre! reprit-il en riant. Mais, ma petite Anna, tu ne sais donc pas ce que c'est que le tonnerre?

— Ah! mon oncle, c'est quelque chose d'effrayant.

— C'est du bruit, beaucoup de bruit, voilà tout.

— Et le danger, le comptez-vous pour rien, mon oncle?

— Le danger? Le tonnerre n'a jamais fait de mal à personne.

— On m'a pourtant montré, avant d'arriver à Beaumont, un arbre sur lequel le tonnerre est tombé, et l'on m'a dit qu'un berger qui s'y était abrité contre la pluie avait été tué.

— Un petit berger y a péri, il est vrai; mais ce n'est pas le tonnerre qui l'a tué.

— C'est donc la chute de l'arbre?

— Non ; le pauvre enfant n'a pas été écrasé, mais foudroyé.

— Vous voyez, mon oncle, qu'on ne m'avait pas trompée.

— Je ne veux pas jouer plus longtemps sur les mots. Ce n'est pas le tonnerre qui tue ; le tonnerre n'est qu'un bruit inoffensif, qu'il ne faut pas confondre avec l'éclair ; car c'est l'éclair qui foudroie.

— Je l'ai déjà entendu dire ; mais je ne le croyais pas.

— Tu avais tort. Si mon fusil n'était chargé que de poudre, penses-tu que je tuerais du gibier ? Non, n'est-ce pas ? Pourtant il ferait à peu près le même bruit qu'en envoyant une charge de plomb à un lièvre ou à un chevreuil. Le bruit peut agir sur les nerfs, mais il n'est réellement pas à craindre ; et le tonnerre qui roule, gronde, éclate, fait cliqueter les vitres et trembler la maison, est un bruit terrible, formidable, si tu veux, mais ce n'est qu'un bruit.

— On n'a pas le temps de s'effrayer de l'éclair : il est sitôt passé.

— C'est pourtant là qu'est le danger ; mais il

est-inutile de s'en effrayer. Il faut prendre toutes les précautions indiquées par la prudence et attendre tranquillement la fin de l'orage. La peur n'éloigne pas le péril, et la foudre n'est d'ailleurs pas le seul qui nous menace. Nous sommes dans les mains de la Providence ; c'est elle qui nous a donné la vie, c'est elle qui nous la conserve, et qui nous la reprendra quand l'heure qu'elle a fixée sera venue. D'ici-là, il ne tombera pas un cheveu de notre tête sans sa permission, et je crois qu'une telle certitude peut suffire à nous rassurer, même pendant les plus violents orages. Quant à celui-ci, le voilà qui se dissipe ; les éclairs sont moins fréquents, le tonnerre moins rapproché ; et comme il pleut fort, nous n'aurons pas de grêle. Sors de ta cachette, Anna ; tu n'es plus une enfant qui doive s'effrayer sans motif ou qui puisse se dispenser de montrer du courage au moment d'un danger réel. La peur ne peut être utile à rien ; avec du courage, au contraire, on peut se sauver soi-même de bien des périls et contribuer au salut des autres. Il y a quelques années, un garçon de douze à treize ans a tué près d'ici un loup qui peut-être l'aurait dévoré ; un plus jeune a, l'année dernière, retiré de l'eau un de ses camarades, déjà privé de sentiment, et un autre a sauvé des flammes, au milieu de la nuit, sa sœur encore au berceau. Si ces courageux enfants avaient crié, pleuré, s'ils s'étaient blottis dans un coin, la tête dans leurs mains, pour ne rien voir ou ne rien entendre, tu devines ce qui serait arrivé. Il est très-utile de lutter contre des terreurs exagérées, et de s'habituer à voir le danger, afin de conserver le sang-froid dont on peut avoir besoin dans bien des circonstances.

Je sentais que mon oncle avait raison, et plus l'orage s'éloignait, plus j'avais honte d'avoir montré tant de frayeur.

— Je mérite qu'on se moque de moi, lui dis-je; car je ressemble à quelqu'un qui, entendant venir des voleurs pendant la nuit, se cacherait la tête sous ses couvertures. Cela ne m'arrivera plus; et s'il tonne encore pendant les vacances, vous me verrez plus raisonnable qu'aujourd'hui.

— J'en suis certain. Viens t'asseoir auprès de moi; et puisqu'on ne peut ni chasser ni se promener, nous parlerons un peu des éclairs et du tonnerre.

— J'allais vous le demander, mon oncle.

— Je commencerai d'abord par te définir l'électricité : tu comprendras bientôt pour quelle raison je procède ainsi quand il s'agit d'orage, d'éclairs et de tonnerre. L'électricité est un agent physique qui se présente sous la forme de fluide et dont la présence se manifeste par des attractions et des répulsions, par des apparences lumineuses, par des commotions violentes, par des décompositions chimiques et par un grand nombre d'autres phénomènes.

Le philosophe Thalès, 600 ans avant l'ère chrétienne, avait déjà remarqué la propriété qu'a l'ambre jaune frotté d'attirer les corps légers. Pline dit : « Quand le frottement lui a donné la chaleur et la vie, l'ambre attire à lui les brins de paille, comme l'aimant attire le fer. » Mais là se bornèrent les connaissances des anciens sur l'électricité. Ce n'est qu'à la fin du xvi⁰ siècle que Gilbert, médecin de la reine Elisabeth, à Londres, appela de nouveau l'attention des physiciens sur les propriétés de l'ambre jaune, en faisant voir que beaucoup d'autres substances peuvent aussi acquérir la propriété attractive par le frottement.

L'impulsion une fois donnée, les découvertes se succédèrent aussi nombreuses que rapides, et l'on se mit à construire des instruments capables de développer et d'emmagasiner l'électricité.

Les premières machines électriques étaient très-imparfaites. Un physicien anglais construisit en 1768 ou 69 celle qui a servi de modèle à la machine actuelle, qui se compose, comme tu l'as sans doute remarqué, d'une roue de verre tournant entre deux coussinets remplis de crin et recouverts de peau. L'électricité développée sur la roue de verre par le frottement des coussinets, passe sur deux conducteurs métalliques supportés par des pieds de verre. Si ces pieds étaient en bois ou en métal comme les conducteurs, l'électricité se produirait en vain ; elle suivrait ces pieds et se perdrait dans le sol. C'est pour la même raison que les fils du télégraphe électrique sont isolés des poteaux qui les soutiennent par des godets ou des supports en porcelaine.

— Sans cette précaution, l'électricité passerait donc sur le poteau ?

— D'où elle serait absorbée par la terre, c'est cela même. On a remarqué que certains corps transportent l'électricité, tels que le bois, la terre, l'eau, les métaux, tandis que d'autres s'opposent à son passage, comme le verre, la porcelaine, la résine, le soufre. Les premiers ont été nommés corps conducteurs, et les autres, corps non conducteurs de l'électricité.

— Mon doigt est un corps conducteur; car, en l'approchant du vrai conducteur de la machine, j'en ai tiré une étincelle.

— Le corps de l'homme et des animaux est bon conducteur de l'électricité; il en est de même des feuilles des arbres et de tous les végétaux qui contiennent de l'eau. Il y a deux sortes d'électricités, différentes l'une de l'autre; la première, qu'on nomme électricité positive ou vitrée, se développe sur le verre, frotté avec de la flanelle, sur la porcelaine, le diamant, la laine, le poil des animaux; la seconde, qu'on nomme électricité résineuse, se développe sur la résine, frottée avec de la peau de chat, sur l'ambre, la soie, le fil. Ces deux sortes d'électricités s'attirent mutuellement et se repoussent elles-mêmes; ainsi un corps chargé d'électricité vitrée repousse les autres corps chargés de la même électricité, et attire au contraire tous ceux qui sont chargés d'électricité résineuse.

— Je crains beaucoup, mon oncle, de ne pouvoir retenir tout cela.

— En effet, cela me paraît assez compliqué; mais je serai tout prêt à t'aider quand tu écriras le résumé de cette leçon. Il suffit d'ailleurs que tu te rappelles que deux électricités de même nature se repoussent, comme se repousseraient deux petites filles orgueilleuses et colères qui ne voudraient se rien céder, tandis que deux électricités contraires s'attirent, comme se recherchent souvent deux caractères opposés.

— Voilà une comparaison qui m'aidera beaucoup à retenir ce que vous venez de m'expliquer. J'ai justement une voisine de classe avec laquelle il m'est impossible de m'accorder, parce qu'elle est aussi vive que moi ; je n'aurai qu'à penser à elle pour me rappeler que deux électricités semblables se repoussent.

— Très-bien. Rappelle-toi aussi que l'électricité vitrée, c'est-à-dire de la nature de celle qui se développe sur le verre, est nommée par les savants électricité positive, et l'autre électricité négative. Toutes les vapeurs qui s'élèvent de la terre humide, des cours d'eau ou de la mer contiennent plus ou moins d'électricité, puisque ce fluide invisible est répandu partout. Ces vapeurs s'élèvent dans l'air ; sous l'influence du froid, elles se resserrent et forment des nuages dans lesquels se trouve parfois réunie une grande quantité d'électricité. Presque toujours cette électricité est positive ; cependant il peut arriver que certains nuages soient électrisés négativement, c'est-à-dire chargés d'électricité négative.

— Je comprends, mon oncle ; les premiers sont chargés d'une électricité semblable à celle qui se développe sur le verre, frotté avec de la flanelle, et les autres, d'une électricité de même nature que celle qui se développe sur la résine frottée avec de la peau de chat.

— C'est cela même. Ces nuages doivent-ils, à ton avis, s'attirer ou se repousser?

— Ils doivent s'attirer, puisqu'ils sont chargés d'électricités contraires.

— En effet, ils s'attirent, et de leur rencontre jaillit l'étincelle électrique qu'on nomme l'éclair. Peut-être as-tu remarqué la vitesse avec laquelle deux nuages se précipitent l'un vers l'autre, quand un orage est sur le point d'éclater.

— Je l'ai remarqué aujourd'hui même; il y avait du côté de l'église un gros nuage bleuâtre qui accourait par ici, comme si un vent violent l'eût poussé, et le vent venait du bois, chassant devant lui un autre nuage, plus noir encore que le premier. Ces deux nuages étaient chargés, l'un d'électricité positive, l'autre d'électricité négative, et leur rencontre nous a amené l'orage qui m'a tant effrayée.

— Tu vois que cela n'est pas si difficile à retenir que tu te l'étais figuré d'abord. Mais on ne voit pas toujours les nuages orageux attirés les uns vers les autres; le plus souvent ils sont chargés d'électricité positive, et suivant la direction que le vent leur imprime. Il ne devrait y avoir alors ni éclairs ni tonnerre; cependant l'orage éclate et n'en est pas moins dangereux.

— D'où cela peut-il venir? N'en sait-on rien, mon oncle?

— Cela vient de ce que les nuages électrisés positivement rencontrent à la surface du sol, dont ils ne sont pas très-éloignés, des objets chargés d'électricité négative. Cette électricité attire celle des nuages , et la décharge électrique a lieu entre les nuages et ces objets , comme entre deux nuages chargés d'électricité contraire. Les points les plus élevés de la surface du sol , les sommets des montagnes , les cimes des arbres , les clochers des églises, se trouvant plus rapprochés des nuages que les autres points, sont aussi plus souvent foudroyés. C'est pourquoi l'on défend de se mettre à l'abri sous les arbres ; il vaut mieux se coucher en rase campagne , au risque d'être trempé jusqu'aux os , que de chercher un refuge si dangereux. C'est pour la même raison qu'on a renoncé à l'habitude qu'on avait autrefois de sonner les cloches pendant l'orage : l'air mis en mouvement par le balancement des cloches donnait passage au fluide attiré par l'élévation du clocher et par la pointe métallique qui le surmonte ; ce fluide glissait le long de la corde , car le chanvre est un corps conducteur, et les pauvres sonneurs étaient souvent victimes d'un zèle mal entendu.

— On a bien raison de dire que le savoir est utile à tout.

— C'est une maxime qu'il ne faut jamais oublier. L'ignorance n'a jamais rien produit ni ne peut produire rien de bon, et il n'est pas rare qu'elle soit aussi funeste au corps qu'à l'esprit.

— On recommande aussi, mon oncle, de ne pas courir quand il tonne, et de ne pas laisser les fenêtres ouvertes. Est-ce une précaution inutile?

— Non; car on a reconnu que la foudre suit souvent un courant d'air humide.

— Mais, mon oncle, le tonnerre ne tombe pas chaque fois qu'on voit briller un éclair?

— Permets-moi de te rappeler d'abord que le tonnerre ne tombe jamais, puisque le tonnerre n'est rien autre chose que la détonation qui accompagne la décharge électrique. Mais ce n'est pas ta faute si tu te sers d'une expression impropre, puisque je ne t'ai pas suffisamment expliqué comment se produit ce bruit effrayant. Chaque fois que tu as approché ton doigt du bâton de métal qui sert de conducteur à la machine électrique, tu en as tiré une étincelle et tu as entendu un petit pétillement. Eh bien! c'est ce pétillement qu'on appelle le tonnerre, quand il est produit par la décharge électrique des nuages.

— Oh! mon oncle, quelle différence!

— J'en conviens; pourtant ce que je te dis est vrai. L'étincelle électrique est accompagnée d'un pétillement proportionné à sa force; l'éclair, étant bien autre chose que cette étincelle, produit un bruit beaucoup plus considérable; et ce bruit, roulant à travers les nuages, ou répété par les échos qui se rencontrent à la surface du sol, forme la grande et terrible voix du tonnerre.

— Est-ce un fait certain, mon oncle, ou seulement une supposition des savants?

— C'est un fait certain, petite incrédule.

— Pardon, mon oncle; je le crois, puisque vous me le dites; mais je voudrais bien savoir comment on a pu s'en assurer.

— Tu as raison; car les expériences qu'on a faites là-dessus sont des plus intéressantes; mais j'attendrai à demain pour te les raconter. J'ai quelques lettres à écrire avant le soir, et toi-même tu rempliras plusieurs pages du résumé de cette leçon. Si tu as besoin de moi, ne crains pas de me déranger.

Tu vois, ma chère Louise, que notre oncle est la bonté même. Toutefois je n'ai pas usé de la permission qu'il me donnait ; j'ai toujours dans ma poche un petit cahier sur lequel j'inscris au crayon ce qui me paraît difficile à retenir ; et quand j'arrive à quelque passage embarrassant, je le laisse de côté jusqu'à ce que j'aie demandé de nouvelles explications.

VI.

Le beau temps est revenu, le soleil brille, il
n'y a pas un nuage au ciel, et je suis bien contente, parce que Suzanne doit venir demain. Elle
a écrit à mon oncle une gentille petite lettre pour
le prier de voir le notaire, afin qu'il tienne prêts
plusieurs actes que son père désire signer demain.
J'ai lu cette lettre, et mon oncle m'a demandé ce
que j'en pensais.

— Il me semble, ai-je répondu, qu'on ne peut
pas mieux faire.

— C'est aussi mon avis, a-t-il dit en la montrant à bonne maman, parce qu'il sait qu'elle aime beaucoup notre cousine.

— Pourtant, mon oncle, ai-je repris, Suzette savait à peine lire il y a trois ans.

— Cela prouve qu'avec de la bonne volonté, on peut faire de rapides progrès. Il me semble, ma chère Anna, que tu dois en avoir fait l'expérience.

— Il est vrai, mon oncle, que, grâce à vous, j'ai déjà appris bien des choses depuis que je suis ici.

— Est-ce seulement grâce à moi? Je ne m'en flatte pas. Quand nos causeries de chaque jour te plairaient encore davantage, tu les aurais bientôt oubliées, si tu ne t'étais pas imposé la tâche d'en rendre compte par écrit.

— C'est si vrai, mon oncle, que j'ai déjà été obligée de recourir à mon cahier pour expliquer à votre jardinier que la rosée ne monte pas de la terre, comme il voulait me le soutenir.

— Avait-il tout à fait tort?

— Non, sans doute, puisque l'humidité de l'air vient des vapeurs que la chaleur dégage de la terre ; mais il croyait qu'après le coucher du soleil, la rosée, sortant du sol, montait le long des tiges pour mouiller les feuilles.

— S'il te l'avait dit il y a huit jours, tu l'aurais cru.

— Oui, car j'aurais pensé que Bernard, passant sa vie à cultiver les plantes, devait savoir cela mieux que personne.

— Il n'est pas le seul qui, ayant chaque jour sous les yeux les phénomènes de la nature, ignore ce qui les produit. Un jour viendra sans doute où la science, plus répandue, fera trouver à ceux qui s'occupent des travaux des champs un intérêt nouveau et des jouissances inconnues dans leurs occupations journalières ; mais ce moment n'est pas encore arrivé, et ceux qui pensent à étudier la nature, à s'expliquer les merveilles qu'ils ont sous les yeux, sont encore en bien petit nombre. Les autres n'y font pas attention, ou se contentent de savoir ce qu'il faut faire à telle ou telle époque, pour obtenir telle ou telle récolte ; le reste leur importe peu.

— Oh ! que vous les connaissez bien ! Votre Bernard m'a dit, après avoir écouté mon explication : « Ça se peut tout de même, mam'selle, que ça soit comme ça ; mais que la rosée vienne d'en haut ou d'en bas, le principal, c'est qu'elle ravigote les belles fleurs de votre grand'maman. »

— Et tu lui as tourné le dos, en te promettant de ne plus prendre la peine de lui donner des leçons qu'il apprécie si peu ?

— Oui, mon oncle.

— C'est aussi ce que j'aurais fait pour toi, ma petite Anna, si je ne voyais, par la peine que tu prends, combien tu tiens à l'instruire.

— Oh ! mon oncle, la peine que je prends ne mérite pas ce nom-là. Je suis si heureuse de travailler pour ma bonne Louise.

— Et tu travailles en même temps pour toi ; car tu exerces non-seulement ta mémoire, mais ton jugement, et l'on ne pouvait te prescrire un exercice de style meilleur que celui-là.

— Ni un meilleur remède contre la tristesse que me causait la maladie de ma sœur.

— Et ton isolement entre le rouet de ta grand'mère et le fauteuil vide de ton oncle Henri. Il a compris, ce pauvre oncle, qu'il méconnaissait les devoirs de l'hospitalité, en laissant sécher d'ennui sa chère nièce; il s'est repenti; et sans doute il obtiendra son pardon.

— Vous savez bien, mon oncle, que je ne m'ennuie plus.

— Et je ne regrette pas que tu te sois ennuyée, parce que si jamais ce mal te reprend, tu sauras ce qu'il faut faire pour te guérir.

— Oh! ce n'est pas un mal si sérieux.

— Tu te trompes. C'est un mal très-grave, qu'on ne peut combattre trop tôt; car il aurait les plus fâcheuses conséquences. Une jeune fille qui s'ennuie prend tout en dégoût, le travail, la récréation; elle devient peu scrupuleuse sur le choix des distractions qui lui sont offertes, et de grands chagrins de famille n'ont souvent pas d'autre cause.

— Merci pour cette leçon comme pour les autres, mon bon oncle; je tâcherai d'en faire mon profit, et elle trouvera place dans les pages que je conserverai comme un souvenir de votre bonté.

— Ma bonté n'est que de l'affection. Qui donc aimerais-je, si ce n'est ma mère et les enfants de mon frère? Pourvu qu'à mon tour je ne m'ennuie pas quand tu seras partie !

— Je le voudrais, mon oncle. Vous décideriez grand'maman à venir passer l'hiver avec nous.

— Ce ne serait peut-être pas bien difficile. Mais parlons d'autre chose, Anna, parlons des éclairs et du tonnerre. Où en étions-nous hier?

— Je vous demandais, mon oncle, comment on a pu s'assurer de ce que c'est que le tonnerre.

— On l'ignorerait encore, si de savants observateurs n'avaient pas remarqué les rapports qui existent entre l'éclair et l'étincelle électrique. Un physicien anglais, le docteur Wall, fut un des premiers qui parlèrent de cette ressemblance. Plusieurs hommes distingués s'occupaient alors en France des phénomènes électriques. De c nombre était l'abbé Nollet, qui mit tout Paris en émoi par ses belles expériences. Un jour entre autres, il réunit une compagnie de gardes françaises, dit aux soldats de se prendre par la main, et, la donnant lui-même au premier, il s'approcha d'une bouteille fortement électrisée, dont la commotion se fit sentir à tous ces jeunes gens.

Leur surprise fut extrême ; car il n'y avait que de l'eau dans le flacon que le savant abbé avait touché.

— N'est-ce pas ce qu'on appelle la bouteille de Leyde ?

— Oui, parce que ce fut un physicien de Leyde qui s'avisa le premier d'enfermer dans une bouteille, pour la préserver du contact de l'air, l'eau qu'il voulait électriser.

— Ce n'est pas de l'eau qu'il y a dans celle que j'ai vue.

— On a remplacé l'eau, d'abord employée, par de la grenaille de plomb, puis par des feuilles d'or, et l'on a en même temps recouvert la bouteille d'une feuille d'étain qui l'enveloppe jusqu'à une certaine hauteur. Une tige métallique, terminée par un bouton, sort du goulot et sert à suspendre cet appareil au conducteur de la machine électrique, pour que le fluide qui se développe par le frottement du plateau de verre entre les coussins et qui passe sur le conducteur, s'accumule dans la bouteille.

— C'est bien ce qu'on a fait au couvent un jour de grande récréation. Quand la bouteille a été assez chargée, toutes les pensionnaires et toutes les religieuses se sont rangées en cercle dans la salle en se donnant la main, comme les soldats de l'abbé Nollet. La supérieure, qui était près de la machine, a touché la bouteille, et nous avons toutes ensemble jeté un cri ; car il nous semblait qu'on nous avait en même temps donné un coup sur le bras.

— L'inventeur de la bouteille de Leyde se crut mort en recevant pour la première fois, sans s'y attendre, cette décharge électrique à travers le corps ; et, comme on le pressait de recommencer l'expérience, il répondit qu'on l'en supplierait en vain, même quand on y mettrait pour prix la couronne de France. L'abbé Nollet, plus courageux, s'exposa à cette décharge, et la commotion fut si grande, que le vase plein d'eau dont on se servait alors lui tomba des mains. Il comprit que cette commotion, en la supposant beaucoup plus forte, pouvait expliquer la mort instantanée des personnes que la foudre tue si souvent sans laisser de traces, et il pensa qu'en étudiant avec soin les phénomènes de l'électricité, on pourrait acquérir sur la nature du tonnerre et des éclairs des notions plus justes que celles qu'on avait eues jusque-là. Plusieurs savants partagèrent cette opinion, et les recherches sur l'électricité préoccupèrent les esprits, non-seulement en France, mais dans toute l'Europe et jusqu'en Amérique.

— C'est un Américain, Benjamin Franklin, qui a inventé le paratonnerre.

— Je croyais te l'apprendre. Si tu sais quelles expériences amenèrent à cette invention, notre leçon sera terminée.

— Non, mon oncle, je ne le sais pas, et je vous écoute avec la plus grande attention.

— En 1750, le feu du ciel étant tombé sur un château voisin de Nérac, un savant observateur, M. de Romas, qui habitait cette ville, adressa à l'académie de Bordeaux un mémoire dans lequel il établissait l'analogie de la foudre avec l'étincelle électrique. Peu de temps après, Benjamin Franklin publia sur l'électricité des lettres qui confirmèrent l'idée émise par M. de Romas. Dans ces lettres, Franklin faisait remarquer que, comme la foudre, l'électricité pouvait mettre le feu aux matières combustibles, fondre les métaux et frapper de mort les animaux ; que les corps terminés en pointe étant plus accessibles à l'électricité, il n'était pas étonnant que la foudre frappât de préférence les grands arbres, les clochers, les sommets des tourelles. Enfin, dans ces mêmes lettres, il disait qu'on pourrait essayer d'enlever aux nuages orageux une partie de leur électricité, en élevant dans les airs une verge de fer haute et pointue.

Plusieurs savants français, Buffon entre autres, résolurent de tenter cette expérience. Buffon fit placer sur la tour de son château une barre de fer, de laquelle il tira de très-fortes étincelles ou plutôt des aigrettes de flamme, en approchant de cette barre une petite verge de fer emmanchée dans du verre. Tu devines pourquoi l'on avait pris cette précaution ?

— Oui, mon oncle. Si l'on avait tenu à la main la verge de fer, l'électricité aurait pu produire une commotion dangereuse, puisque les étincelles recueillies sur la barre ressemblaient à des lames de feu. Le manche de verre isolait la tige métallique de la main qui la maniait, comme les godets de porcelaine isolent les fils télégraphiques du poteau qui les supporte.

— Très-bien, mon enfant. Cette commotion eût été non-seulement dangereuse, mais mortelle, comme l'éprouva à Saint-Pétersbourg le professeur Richmann. Ayant entendu parler des nombreuses expériences qui se faisaient en France, il établit au-dessus de sa maison une barre de fer qui, passant à travers le toit, venait jusque dans son cabinet de physique, et reposait sur un pied de verre destiné à empêcher toute communication avec le sol. Un orage étant arrivé, Richmann se disposait à étudier le phénomène, au moyen d'un instrument préparé d'avance; mais quelqu'un qui avait à lui parler entra dans son cabinet pendant que la barre de fer était fortement chargée d'électricité. Le professeur distrait s'approcha sans y songer de cet appareil; aussitôt un globe de feu s'en détacha et vint le fraper à la tête. Il tomba à la renverse; l'auteur involontaire de l'accident courut à lui et le releva; il était mort. Cette fin tragique ne découragea pas les savants; mais elle passa dans le vulgaire pour le juste châtiment de l'orgueilleuse témérité de l'homme qui osait interroger la nature dans ses plus redoutables mystères. Je me rappelle avoir entendu raconter la mort de Richmann par mon grand-père, qui, au temps où cette mort était arrivée, faisait valoir la ferme de Vallonville. Le cousin Pierre et plusieurs enfants de notre âge l'écoutaient avec moi, et je crois sentir encore le frisson qui parcourait mes membres, lorsqu'il nous disait que cet étranger, ayant fait descendre le tonnerre jusque dans son cabinet, n'avait pas attendu longtemps le châtiment de cette impiété. Nous nous serrions les uns contre les autres, sans souffler mot ; mais Pierre, qui, sans doute, était le plus hardi de la bande, demanda au grand-père comment il fallait s'y prendre pour amener le tonnerre jusque dans la maison. « Je n'en sais rien, répondit le bon vieillard, et je serais bien fâché de le savoir. Le tonnerre et les éclairs appartiennent à Dieu, et c'est l'offenser que de chercher à voir clair dans des choses comme celle-là.» Cette réponse me soulagea beaucoup; car je tremblais de voir se renouveler sous mes yeux l'expérience du docteur Richmann.

— Mais, mon oncle, nous n'offensons pas Dieu, vous en expliquant ce que c'est que le tonnerre, moi en vous écoutant avec la plus vive curiosité.

— Non, mon enfant; car, si nous cherchons à voir clair dans les mystères de la nature, c'est un hommage que nous rendons à son auteur; c'est le plus bel emploi que nous puissions faire de notre intelligence. Les esprits éclairés de ce temps-là ne regardèrent pas non plus la mort du professeur russe comme un châtiment; mais dans le village de mon grand-père et dans la classe des ignorants, beaucoup plus nombreuse alors qu'aujourd'hui, quoiqu'elle le soit encore, on prenait pour des tentatives impies les courageuses recherches des savants. Ceux-ci regrettèrent Richmann; mais ni la crainte de partager sa triste fin, ni celle de passer pour des impies et des sorciers, ne les empêchèrent de poursuivre l'étude des phénomènes électriques. Les mêmes expériences furent tentées en France par de Romas, et en Amérique par Franklin, sans qu'ils se fussent consultés et sans que l'un eût été instruit des travaux auxquels l'autre se livrait.

— Vous me faites comprendre, mon oncle,

comment la même découverte peut être faite en même temps dans deux lieux différents.

— C'est tout simple; plusieurs savants s'occupant à la fois de la même question, peuvent arriver à la résoudre sans que cette gloire appartienne à l'un au préjudice de l'autre. M. de Romas, regrettant de ne pouvoir élever assez haut la verge de fer dont il se servait pour soutirer l'électricité des nuages, eut l'idée de lancer, à l'aide du vent qui accompagne ordinairement les orages, un cerf-volant armé d'une pointe de métal et de le retenir au moyen d'une corde à laquelle il enroula un fil de cuivre.

— Pourquoi ce fil de cuivre, mon oncle, puisque vous m'avez dit que la foudre suivait la corde et allait tuer les sonneurs, quand on mettait les cloches en branle pendant l'orage?

— Je vois que tu n'oublies rien, et je suis vraiment enchanté d'avoir une élève si attentive. Tu verras tout à l'heure qu'une corde est un bon conducteur de l'électricité, quand elle est humide; mais les physiciens d'alors ne le savaient peut-être pas, et le fil de cuivre devait faciliter le passage du fluide. Cette corde de chanvre était terminée par un cordon de soie, qu'on attacha autour d'une grosse pierre, afin que le cerf-volant ne pût se perdre dans les nuages. Veux-tu qu'à mon tour je te demande pourquoi ce cordon de soie fut adapté à la corde de chanvre ?

— Je n'en sais rien ; mais je devine que la soie, n'étant pas un corps conducteur, empêchait l'électricité de communiquer avec le sol. C'est encore la même chose que les godets de porcelaine.

— Précisément. A l'extrémité du fil de cuivre enroulé autour de la corde, on suspendit un cylindre de métal, sur lequel devait s'amasser l'électricité, et l'on prépara une tige de fer emmanchée dans un tube de verre, pour tirer de ce cylindre des étincelles que le cerf-volant devait enlever aux nuages. Cela fait, on attendit l'orage, non pas avec une frayeur semblable à la tienne, mais avec une véritable impatience ; car l'amour de la science fait braver tous les dangers. Les amis de M. de Romas avaient été prévenus de ce qu'il comptait faire, et ils n'avaient pas exactement gardé le secret ; car, dès les premiers roulements du tonnerre, une grande foule se porta vers la maison où l'expérience devait avoir lieu. Debout sous l'auvent qui protégeait sa porte, le physicien lança son cerf-volant, qui, après quelques instants d'hésitation, s'éleva rapidement dans les airs. Notre savant n'était pas sans inquiétude sur le succès d'une tentative qui avait de si nombreux témoins, mais il fut bientôt rassuré. Il approcha la tige de fer du cylindre métallique, et il en tira des étincelles. Plusieurs des assistants firent comme lui; mais ces étincelles augmentant avec la violence de l'orage, il fit retirer les curieux et resta seul exposé au péril. Les étincelles devinrent des lames de feu, et leur pétillement fut remplacé par un bruit que tout le monde entendait. L'orage redoublant encore, M. de Romas, ayant été renversé, jugea prudent de s'éloigner. Il n'était pas trop tôt : au bout de quelques minutes, l'électricité amassée le long du conducteur donna lieu, en se déchargeant sur le sol, à un large éclair accompagné d'un bruit semblable à un petit coup de tonnerre.

Franklin, comme je te l'ai dit, avait eu aussi l'idée de soutirer l'électricité des nuages au moyen de la pointe d'un cerf-volant, qu'il tenait tout prêt à être essayé quand viendrait un orage. Il n'avait pas pensé à garnir la corde d'un fil métallique ; aussi ne réussit-il pas d'abord ; mais une pluie qui suivit les premiers coups de tonnerre, ayant mouillé cette corde, en fit un meilleur conducteur, et Franklin put en tirer de longues étincelles, dont l'explosion ressemblait à des coups de pistolet. Il ressentit de ce succès une joie si vive, qu'il embrassa en pleurant son fils, seul témoin de cette expérience.

Jusque-là il n'avait fait que constater la propriété que possède une pointe de fer d'enlever aux nuages orageux leur électricité. C'était beaucoup, mais c'était trop peu pour Franklin, qui n'était pas un savant comme les autres. Trop souvent, en effet, les savants se bornent à proclamer les vérités qu'ils reconnaissent, sans chercher à les utiliser. Franklin était un esprit pratique, et l'expérience du cerf-volant le conduisit à la construction du premier paratonnerre. Il fit poser sur une des belles maisons de Philadelphie une haute barre de fer, terminée en pointe à sa partie supérieure et reliée par son autre extrémité à une seconde tige de fer, mise elle-même en communication avec un conducteur métallique qui s'enfonçait dans le sol. A peine ce paratonnerre était-il achevé, qu'il fut frappé de la foudre, sans que la maison en reçût le moindre dommage.

— Quel bonheur pour Franklin !

— Ses compatriotes partagèrent sa joie ; ils le proclamèrent le bienfaiteur de son pays et du monde entier. Mais la belle invention du paratonnerre fut encore pendant longtemps repoussée en Angleterre et en France.

— Pourquoi donc, puisqu'elle était utile?

— Parce qu'elle venait d'Amérique, et que les savants français et anglais souffraient de ne l'avoir pas faite. Depuis plus de vingt ans l'usage des paratonnerres était général dans la patrie de Franklin lorsqu'enfin on en construisit en Europe. Aujourd'hui, la plupart des édifices publics en ont un, et même plusieurs ; et si tu viens passer les vacances avec nous l'année prochaine, tu n'auras plus peur des orages ; car mon intention est de remplacer par un paratonnerre la girouette posée sur notre maison, qui est beaucoup plus élevée que les autres et par conséquent plus menacée.

— Je ne sais pas si cela me rassurerait beaucoup. Vous direz que je suis bien enfant, mon oncle ; mais je crains presque autant le bruit que le danger, et l'on entendra de terribles coups, si la foudre tombe sur votre paratonnerre.

— J'espère qu'elle n'y tombera pas ; je tâcherai qu'il soit établi dans de bonnes conditions.

— Je n'en doute pas ; mais il faudra bien qu'elle y tombe, puisque c'est pour attirer l'électricité des nuages que vous le ferez poser.

— Oui ; mais il est bien rare qu'un paratonnerre soit foudroyé. Cela n'arrive que quand il y a surabondance d'électricité dans l'atmosphère. Pendant les orages ordinaires, le paratonnerre agit d'une manière beaucoup plus paisible que tu ne te l'imagines. La barre de fer placée sur le toit est terminée par une pointe de cuivre, ou mieux encore de platine, parce que le platine est le moins altérable des métaux. Cette barre sera soudée à une autre qui suivra la pente du toit, et reliée elle-même à une troisième barre qui descendra le long du mur et entrera dans le sol, à deux mètres du puits, avec lequel un conduit le mettra en communication.

— De cette manière, il n'y aura aucun danger : si le feu du ciel tombe, il s'éteindra dans le puits.

— Voilà une erreur que beaucoup de personnes partagent avec toi. Ce n'est pas pour que le feu du ciel s'éteigne qu'on met le conducteur du paratonnerre en communication avec un puits ou un cours d'eau ; car si l'on n'a pas cette ressource à portée du paratonnerre, on le fait aboutir à un conduit rempli de braise noire. On choisit cette substance, parce qu'elle conduit très-bien l'électricité. Le charbon de bois ne peut remplacer la braise du boulanger ; car il n'est pas bon conducteur.

Franklin, qui, aussitôt qu'il eut constaté l'identité de la foudre et de l'électricité, songea à appliquer le pouvoir des pointes aux paratonnerres, admettait que ceux-ci soutirent aux nuages orageux leur électricité ; c'est le contraire qui a lieu. Lorsqu'un nuage orageux, électrisé positivement, par exemple, s'élève dans l'atmosphère, il agit par influence sur la terre, repousse au loin le fluide positif, et attire le fluide négatif qui s'accumule sur les corps placés à la surface du sol, d'autant plus abondamment, que ces corps atteignent une plus grande hauteur. Les plus hauts sont alors ceux qui atteignent la plus grande tension, et qui, par conséquent, sont les plus exposés à la décharge électrique; mais si ces corps sont armés de pointes métalliques, comme les tiges des paratonnerres, le fluide négatif attiré du sol par l'influence des nuages, s'écoule dans l'atmosphère et va neutraliser le fluide positif de la nue. Par conséquent, non-seulement un paratonnerre s'oppose à l'accumulation de l'électricité à la surface de la terre, mais encore il tend à ramener les nuées orageuses à l'état neutre, double effet qui a pour but de prévenir la chute de la foudre. Cependant le dégagement d'électricité est quelquefois si abondant, que le paratonnerre est insuffisant pour dégager le sol, et que la foudre éclate; mais c'est alors le paratonnerre qui reçoit la charge, en raison de sa plus grande conductibilité, et l'édifice est préservé.

— Ne pourrions-nous pas, mon oncle, faire quelques petites expériences? demandai-je. Il me semble que je comprendrais ensuite beaucoup mieux ce que vous prenez la peine de m'expliquer.

— Nous le pouvons. Je ne te demande que le temps d'aller jusqu'au pavillon, où je trouverai certainement un tube de verre et un pendule électrique. A propos, tu sauras qu'on donne à la petite balle de moelle de sureau attachée à un fil de soie le nom de pendule électrique.

— C'est un bien grand nom pour une si petite chose. Je parierais que ce sont les savants qui le lui ont donné.

— C'est une petite chose, il est vrai ; mais elle est très-utile, parce qu'elle sert à reconnaître de quelle sorte d'électricité un corps quelconque est chargé. Si un pendule électrisé négativement est attiré par un autre corps, c'est que l'électricité développée sur ce dernier est positive ; s'il est repoussé, c'est que le pendule et le corps auquel on le présente sont chargés de la même électricité.

Mon oncle sortit et revint bientôt avec les objets dont il avait besoin ; grand'maman mit à notre disposition un beau morceau de flanelle, avec lequel je frottai le verre, pendant que mon oncle préparait un pendule électrique pour remplacer celui qu'il n'avait pu retrouver.

Quand il eut fini, je cessai de frotter, et j'approchai le verre du pendule, qui vint aussitôt s'y attacher; mais au bout de quelques instants, la balle de sureau retomba, et ce fut en vain que je l'invitai à reprendre sa place en lui présentant le tube de verre. Au lieu de s'en approcher, il reculait comme s'il eût été doué de sentiment, et que ce voisinage lui eût été antipathique.

— Voilà qui est clair, dis-je à mon oncle, notre petite balle a pris une portion de l'électricité du tube, et ces deux électricités semblables se repoussent.

— Oui, notre pendule s'est électrisé au contact du verre. Maintenant regarde bien ce que je vais faire. Voici un bon gros bâton de cire à cacheter; je vais le frotter comme tu as tout à l'heure frotté le tube de verre. Tu peux même recommencer l'opération.

— Je devine, mon oncle. C'est de l'électricité négative que vous allez développer sur la cire à cacheter; et comme l'électricité positive de ce verre s'est déjà dissipée ou affaiblie, il faut le frotter de nouveau.

Au bout de deux ou trois minutes, mon oncle présenta le bâton de cire au pendule électrique, qui s'avança vivement et s'y attacha comme il s'était attaché au verre, puis il s'en sépara et ne voulut plus s'en rapprocher; mais il se jeta sur le tube de verre que je plaçai de l'autre côté. Il s'en détacha bientôt, revint au bâton de cire, puis retourna au verre; mais ses mouvements n'étaient plus aussi prononcés; car les deux corps électrisés perdirent promptement leurs propriétés attractives.

L'expérience m'amusait beaucoup; mon oncle le vit et la recommença pour me faire plaisir. Il me fit tirer de petites étincelles du tube de verre et du bâton de cire, qui jouaient en petit le rôle de la machine électrique; et après une nouvelle friction, il approcha l'un de l'autre les deux objets, qui laissèrent échapper une plus forte étincelle.

— Maintenant, dit-il, je pense que tu t'expliqueras facilement ce que le paratonnerre fait pendant l'orage.

— Oui, mon oncle. Il se charge de l'électricité négative qu'il emprunte à la terre ; et une fois qu'il s'est ainsi électrisé, il décompose celle qui est dans les nuages.

— C'est cela ; mais ce n'est pas tout ; car si c'était tout, il ne servirait pas à grand'chose. Le paratonnerre est mis en communication avec un puits, un ruisseau, ou un sol humide, au moyen de conducteurs métalliques qui donnent passage à l'électricité de la terre et l'amènent jusqu'à la pointe du paratonnerre, par laquelle cette électricité s'écoule en attirant celle des nuages, qui est de nature différente. Tu as remarqué une étincelle assez forte quand nous avons approché l'un de l'autre le tube de verre et le bâton de cire. La même cause, c'est-à-dire l'attraction des deux électricités, produit au-dessus du paratonnerre non pas des étincelles, mais une aigrette de feu, qu'on voit très-bien pendant les nuits orageuses. Ces deux électricités se neutralisent réciproquement par ces décharges successives, et l'équilibre se rétablit dans l'atmosphère.

Souvent l'extrémité des mâts des vaisseaux se couronne aussi d'une aigrette lumineuse, quand l'air est fortement chargé d'électricité, et un illustre Romain, Pline le naturaliste, dit avoir vu briller au bout des lances des soldats cette lueur, à laquelle on a donné depuis le nom de feu Saint-Elme. Les décharges électriques qui s'opèrent entre les deux électricités à l'extrémité d'un paratonnerre peuvent produire assez de chaleur pour en fondre la pointe; c'est une des raisons qui font choisir le platine de préférence à tout autre métal.

L'Académie des sciences a publié, il y a quelques années, un rapport sur les paratonnerres; elle conseille d'employer plutôt des fils de cuivre rouge que des fils de fer dans la fabrication des cordes métalliques destinées à servir de conducteur, le cuivre rouge conduisant beaucoup mieux l'électricité que le fer. Le même rapport conseille de terminer la tige des paratonnerres par une pointe de cuivre rouge plutôt que par une pointe de platine, toujours à cause de la plus grande conductibilité.

— Pourquoi met-on plusieurs paratonnerres sur un même bâtiment? Un seul ne suffit donc pas?

— Non, si l'édifice est d'une certaine étendue. Un paratonnerre ne protége qu'un rayon égal au double de sa hauteur ; ainsi, une tige ayant de neuf à dix mètres garantira complétement un bâtiment qui n'aura pas plus de dix-huit à vingt mètres de surface autour du paratonnerre. Un seul suffirait pour notre maison, quand elle serait deux fois plus grande.

— Quand vous n'en auriez pas, mon oncle, je viendrais volontiers passer avec vous non-seulement les vacances, mais l'été tout entier, qui est la saison des orages. Il n'y a sans doute jamais d'orages dans les pays froids ?

— Non ; on ne connaît pas le tonnerre sous les zones glaciales ; mais le grand froid et les longues nuits sont, à mon avis, plus à redouter encore que les orages. Il ne tonne pas non plus sur la côte occidentale du Pérou, quoique cette contrée soit située sous la zone torride ; mais on y ressent fréquemment des secousses de tremblements de terre ; ce qui fait que je donne encore la préférence à la zone tempérée. Les orages sévissent d'ailleurs, dans les climats brûlants, avec une violence dont nous pouvons à peine nous faire une idée ; ils sont aussi plus forts dans les régions montagneuses que dans notre pays de plaines, et il est bien rare que chez nous ils éclatent en hiver, tandis qu'en Australie il y en a de terribles, même pendant les grands froids.

— Est-il vrai, mon oncle, que la foudre tombe chaque fois que le tonnerre et l'éclair partent en même temps ?

— Non, car le bruit et la lueur partent toujours en même temps, puisque la production de l'étincelle électrique est accompagnée d'un bruit proportionné à la force de cette étincelle. Nous voyons l'éclair avant d'entendre le tonnerre, parce que la lumière parcourt, comme j'ai déjà eu l'occasion de te le dire, soixante-dix-sept mille lieues par seconde, tandis que le son, beaucoup moins rapide, ne franchit pas quatre cents mètres. On peut se rassurer toutefois quand il s'écoule plusieurs secondes entre l'éclair et le tonnerre, parce que cela prouve que les nuages orageux sont loin de nous. Quelquefois aussi l'orage éclate sur plusieurs points à la fois, et le coup de tonnerre que nous entendons peut n'être pas produit par l'éclair que nous avons vu. Ce coup se prolonge d'ailleurs, tu le sais, en roulements dont la durée est proportionnée à la quantité des nuages qu'il rencontre ou des objets qui lui font écho à la surface du sol. Le mieux est de prendre les précautions indiquées à la fois par la science et par la prudence, puis d'attendre paisiblement la fin de l'orage, en se disant qu'on n'a rien à se reprocher quand on fait ce que l'on doit faire.

J'ai promis à mon oncle qu'il me verrait plus courageuse à l'avenir; mais j'ai peut-être promis ce qu'il me sera bien difficile de tenir. Je ne me cacherai plus comme une petite sotte, et je ne me boucherai plus les oreilles. Je sais bien que si fort que le tonnerre gronde, il n'est pas plus à craindre que le bruit du tambour ou de la trompette; mais je ne sais si cela m'empêchera d'avoir peur. Quand j'entends un coup de fusil, je saute en l'air, quoique je sois parfaitement sûre que ce n'est pas contre moi que ce coup est dirigé; mais peut-être que si j'avais le temps de raisonner, ou si j'étais prévenue de l'explosion, elle me ferait moins d'effet. Je suis curieuse de voir si un autre orage me trouvera plus ferme que celui d'hier, et cela me fait presque désirer qu'il en fasse encore un bientôt, pourvu qu'il ne fasse pas de victimes et n'occasionne pas de désastres.

Adieu, Louise. Si j'avais une lettre de toi demain, quand ce ne serait qu'une lettre de trois lignes, je passerais une bonne journée ; car je me réjouis de voir Suzette et de sortir avec elle. Je l'aurai peut-être ; espérons....

VII.

Suzanne est arrivée jeudi à midi et repartie hier samedi, vers le soir. C'est une bonne et aimable compagne, que j'aurais été heureuse de garder encore quelques jours ; mais nous n'avons pu la retenir, parce qu'une femme de Vallonville, que nous avons rencontrée en nous promenant, lui a dit que son plus jeune frère était souffrant. Mon oncle et moi nous l'avons reconduite en voiture, et nous avons trouvé le marmot tout barbouillé de confitures, crotté jusqu'aux oreilles, barbotant à l'envi avec une douzaine de canards dans une mare creusée à vingt pas de la ferme.

Il méritait d'être grondé; mais Suzanne était si contente de le voir sur pied, plutôt que dans son lit, qu'elle ne se lassait pas de l'embrasser.

— Tu n'es donc pas malade? lui demanda-t-elle.

— Malade? Ah! ben oui. Maman voulait m'envoyer à l'école, j'ai dit que j'avais mal à la tête.

— Mais c'était un mensonge, reprit gravement Suzanne. Tu m'avais promis de n'en plus jamais dire.

— C'est que cela m'ennuie d'aller à l'école, et puisque tu n'étais pas là pour m'y conduire....

— Tu vois, Anna, dit Suzanne en souriant, que me voilà prisonnière jusqu'à ce que monsieur Jules ait l'âge d'entrer au collége.

Le bambin courut annoncer à sa mère l'arrivée de Suzette. Le cousin Pierre vint au-devant de nous, et sa femme, debout sur le seuil, la reçut avec un transport de joie.

— Enfin! dit-elle. J'ai cru que tu ne reviendrais pas. Je m'ennuyais si fort, que je ne comprends pas comment nous avons pu te laisser en pension si longtemps.

— Vrai! ajouta Pierre, s'il fallait encore nous passer de toi, je crois qu'on nous enterrerait bientôt tous les deux.

— Voilà, petite cousine, un éloge complet, dit mon oncle; et quoique je ne vous aie vue que trois jours, je suis sûr que vous le méritez.

— Elle dira non, cousin; mais ne l'écoutez pas, reprit son père, en la regardant avec des yeux humides. Quand elle est là, tout rit, tout chante, tout brille, hors de la maison comme dedans; quand elle n'y est pas, le soleil a beau luire, je trouve qu'il fait sombre partout.

Pour un homme qui n'a jamais rien appris ni rien lu, le cousin Pierre s'est fort bien exprimé. Il y a dans sa fille quelque chose qui charme et qui réjouit; c'est comme un rayon qui éclaire tout autour d'elle. On ne peut la voir sans l'aimer et sans avoir en elle une entière confiance, parce qu'on lui reconnaît autant de franchise que de bonté.

Nous avons beaucoup parlé de toi. Suzanne, dont la mémoire est excellente, n'a rien oublié de ce qui te concerne. Elle m'a répété ce que tu lui disais, il y a trois ans, de nos projets pour le bonheur de maman, du désir que nous avons de nous instruire pour fonder ensemble un grand pensionnat, dont maman aura la direction. Mais elle se rappelle aussi combien tu es vive et gaie, que de petites farces tu lui as faites, et surtout quel grand service tu lui as rendu, en te moquant un peu lorsqu'elle parlait patois, en riant encore plus fort quand elle essayait de parler français, et en lui disant une fois très-sérieusement: « Ma bonne Suzette, je t'aime beaucoup, je t'aime assez pour te donner un conseil, au risque de te fâcher: tâche de t'instruire, car plus tard tu serais bien honteuse de ton ignorance. »

Elle assure que sans le conseil elle n'aurait pas demandé d'aller en pension, et que si on l'y avait mise, elle n'y aurait rien fait. C'est donc, ma chère Louise, une bonne action de plus, à laquelle tu n'as jamais songé depuis, et je suis sûre que quand tu verras notre cousine, tu seras bien fière d'avoir été pour quelque chose dans les merveilleux progrès qu'elle a faits.

Nous avons passé la soirée à Vallonville, et nous

y serions restés le dimanche si nous avions pensé à en prévenir grand'maman avant notre départ. Le cousin Pierre voulait lui envoyer un domestique; mon oncle s'y est opposé, en promettant de me ramener une autre fois. Cela me faisait un peu de peine; mais que j'ai été contente d'être rentrée quand j'ai vu ta lettre!

C'est donc fini, tu n'as plus de rechute à craindre; et si tu continues à bien aller, comme le docteur l'espère, il te permettra de venir passer à Beaumont la dernière semaine des vacances. Quel bonheur pour moi, pour nous tous, et pour Suzanne! Je viens de lui envoyer cette chère lettre, qu'elle attendait avec une impatience égale à la mienne. Quoi qu'elle en dise, il faudra bien qu'elle nous donne quelques jours pendant que tu seras ici; nous irons à Vallonville, où nous ferons plus d'une partie de pêche et plus d'une promenade au bois. Je n'écrirai plus du tout, nous prendrons ensemble nos vraies vacances; aussi je vais me hâter de profiter de la bonté de notre savant oncle pour ajouter encore quelques chapitres à ce cahier, qui doit t'appartenir comme à moi.

Je n'ai pas perdu mon temps, pendant que

Suzette était avec moi. Nous passions la moitié de nos journées dans le jardin ; car elle aime beaucoup les fleurs ; mais elle ne les aime pas comme les gens qui se contentent de les regarder et d'en respirer le parfum. Elle sait quelle terre leur convient, comment il faut les planter et les cultiver, combien il faut les arroser pour qu'elles se portent bien, et elle dit que ces petits soins sont sa plus chère distraction. Bonne maman lui a promis des graines et des boutures, en l'engageant à conserver ce goût, qui lui a donné à elle-même et lui donne encore, malgré son âge et ses infirmités, de bien douces jouissances. Cette chère grand'mère ne nous quittait presque pas, et l'on voyait qu'elle était heureuse de parler de ses fleurs et de les voir admirer par quelqu'un qui sait les apprécier.

Jamais je ne l'avais entendue causer autant ni aussi bien ; sa surdité ne nous gênait pas ; car nous nous bornions à l'écouter ; et quand nous avions quelque observation à lui adresser ou quelque question à lui faire, elle la devinait plutôt encore à notre physionomie qu'au mouvement de nos lèvres. Je voudrais pouvoir te répéter tout ce qu'elle nous a dit, et surtout te le répéter comme elle nous l'a dit ; je crains de n'y pas réussir ; mais puisqu'on dit que quand on fait ce qu'on peut, on fait ce qu'on doit, rien ne m'empêche d'essayer.

— On élève des plantes pour jouir de la beauté des fleurs ; on prend la peine de les arroser, de les préserver des attaques des insectes, de les abriter contre un soleil trop ardent ; et quand on voit les boutons se former, on attend avec impatience leur épanouissement. Si la fleur est élégante et richement nuancée, si les pétales sont découpés, arrangés d'une certaine façon, qui passe pour la plus jolie, ou seulement pour la plus rare, nous nous trouvons bien payées des petits soins que la plante nous a coûtés. Nous la regardons avec un plaisir mêlé d'orgueil, nous la montrons à tout le monde, et ce n'est pas sans regret que nous la voyons perdre peu à peu son éclat et sa fraîcheur. Dès qu'elle se flétrit, nous la faisons disparaître ; car il nous semble qu'elle a vécu ce qu'elle devait vivre et que son rôle est fini.

— N'est-ce donc pas la vérité, grand'maman ?

— Non, ma fille : la plante n'est pas née seulement pour porter des fleurs.

— C'est juste, dit Suzanne ; les fleurs des pommiers, des poiriers, des pêchers, sont remplacées par des fruits, et les fruits des cerisiers et des groseilliers sont encore plus beaux que leurs fleurs.

— Ces fleurs-là, nous ne les détruisons pas, reprit bonne maman ; nous savons bien qu'en les cueillant, nous anéantirions tout espoir de récolte ; nous ne détruisons pas non plus celles du blé ou de la vigne, qui nous donnent le pain et le vin. Cependant les fleurs de nos jardins ne sont, comme ces modestes petites fleurs, à peine remarquées, que le berceau des graines destinées à la production de la plante. La nature a voulu que les herbes eussent en elles-mêmes leur semence, comme les plus grands arbres, afin que la terre ne perdît jamais la belle parure qu'elle lui a donnée, parure qui réjouit nos yeux et assure notre subsistance. Henri me disait l'autre jour qu'un savant anglais très-célèbre, Newton, je crois, se mettait à genoux devant une fleur pour adorer la puissance et la bonté du Créateur. J'en ferais volontiers autant, moi qui ne suis qu'une pauvre vieille, bien ignorante; car la plus petite herbe des champs est une merveille, tout comme le soleil, la lune et les étoiles.

Je regardai grand'maman d'un air étonné, qui la fit sourire.

— Tu crois que j'exagère, dit-elle; demande à ton oncle si je dis la vérité.

— Je vous crois, grand'mère, répondis-je; pourtant je ne vois rien d'aussi merveilleux dans les plantes que dans ces grands astres suspendus au milieu des espaces sans bornes, dont mon oncle me parlait l'autre soir.

— C'est parce que tu ne connais pas les diverses parties de ces plantes, ni la manière dont elles naissent et grandissent.

— Apprenez-moi tout cela, bonne maman; car je veux m'instruire de toutes ces choses, puisque je le peux.

Elle me prit la main, me conduisit dans le potager, me fit voir au bord du chemin une petite plante, composée de deux feuilles pliées, sortant d'une enveloppe charnue, et me demanda si je savais ce que c'était. En même temps elle mettait un doigt sur ses lèvres, en regardant Suzette, qu'elle supposait avec raison plus capable que moi de lui répondre. Je me baissai vers la plante, et, après avoir examiné l'enveloppe charnue, j'osai me prononcer : c'était un haricot.

— Oui, dit-elle, c'est un haricot qui s'est semé tout seul, et qui, hier, à cette heure, n'était pas encore sorti de terre. Peut-être y a-t-il déjà longtemps qu'il est tombé là ; mais il faisait très-sec, et il a fallu la pluie du dernier orage pour gonfler la graine et en développer le germe. La peau s'est brisée, et ce germe, s'allongeant en racines et en feuilles, s'est enfoncé d'un côté dans la terre, et s'est redressé de l'autre pour chercher la lumière du ciel. Arrache la plante, afin que tu te rendes compte de ce que c'est que la racine.

J'hésitais. Suzanne m'assura que ce n'était point une perte, la saison étant trop avancée pour que ce haricot pût donner du grain ni même des cosses vertes. Je l'arrachai donc, et je vis un faisceau de chevelu bien court encore, mais qui tenait déjà fortement à la terre.

— Il y a des racines de toutes sortes, dit ma

grand'mère; les unes sont composées de plusieurs
fils plus ou moins forts, plus ou moins étendus,
qui partent de la racine principale, et dont celles-
ci peuvent te donner l'idée, d'autres s'enfoncent
dans le sol sans se ramifier, comme la carotte, le
navet, la betterave, le réséda, et un grand nombre
d'arbres. On les appelle racines pivotantes, tandis
que les premières sont désignées sous le nom de
racines traçantes. Il est utile d'en faire la distinc-
tion, parce que les plantes à racines pivotantes
demandent une plus grande profondeur de terre
que celles qui s'étendent de tous côtés pour y
chercher leur nourriture.

La racine n'a ni éclat ni beauté; cependant
c'est un organe très-important; car elle est chargée de puiser dans le sol les sucs nécessaires à la
vie de la plante. Elle est enveloppée d'une peau
grise ou brune, qui la protége dans sa route semée
d'obstacles, et qui, très-épaisse parfois, ne l'empêche cependant pas d'absorber au profit de la
plante les principes nutritifs contenus dans le sol.
Mais pour que ces principes puissent pénétrer à
travers le tissu qui recouvre les racines, il faut
qu'ils soient délayés dans l'eau; la pluie n'est

donc pas moins nécessaire que la chaleur au développement des végétaux. Dans nos jardins, nous pouvons remédier à l'absence de la pluie par les arrosements, en ayant soin de verser l'eau près de la tige quand les racines sont pivotantes, et de nous en éloigner un peu si elles sont traçantes. Mais ces arrosements si utiles ne peuvent être pratiqués pour favoriser l'accroissement des blés, de l'orge, de l'avoine et des autres plantes qui composent la grande culture ; par bonheur, ces plantes sont beaucoup plus rustiques que celles de nos jardins ; elles souffrent quelquefois de la sécheresse, quelquefois aussi de la trop grande abondance des pluies, mais elles ne périssent pas. Outre les premières racines qui les fixent au sol, comme toutes les autres herbes, ces plantes si précieuses ont des racines supplémentaires, qui se développent sur la tige même, les aident à remplir leurs fonctions et les remplacent au besoin. C'est grâce à ces racines supplémentaires, appelées par les savants racines adventives, que les blés déchaussés par les gelées ou foulés aux pieds par le bétail se raffermissent et prospèrent.

Si toutes les plantes avaient des racines de même forme et d'égale étendue, bien des pays seraient privés de végétation; mais elles diffèrent assez pour que chaque sol puisse avoir des arbres et des plantes qui lui soient propres. Il y en a qui ne se plaisent que dans les bonnes et profondes terres, d'autres qui se contentent d'une légère couche de qualité médiocre, d'autres qui cherchent la fraîcheur des ruisseaux, d'autres qui s'enfoncent dans les fentes des rochers, d'autres enfin qui croissent sur le tronc des arbres et vivent à leurs dépens.

Les racines, d'ailleurs, quelle que soit leur forme, savent fort bien éviter les obstacles qu'elles rencontrent dans l'intérieur de la terre ; elles s'enfoncent sous les pierres ou les contournent, et quelquefois même traversent les murailles pour chercher plus loin un sol mieux approprié à la nature de la plante qu'elles doivent nourrir.

Ne croyez pas cependant que la racine soit seule chargée de fournir des aliments aux végétaux : les feuilles jouent dans l'air un rôle analogue à celui que la racine remplit sous la terre.

Mais avant de parler des feuilles, il faut dire

un mot de la tige qui les porte. La racine est faite pour se cacher dans la terre, la tige pour chercher la lumière. Quand une graine qui germe serait placée la tête en bas, elle se retournerait d'elle-même pour remettre toutes choses en ordre. Si vous plantez des pois, des haricots, vous ne prenez pas la peine de regarder de quel côté est le germe, et vous avez raison: ils sauront bien faire le mouvement nécessaire pour que la tige s'élève et que la racine s'enfonce.

Dans certaines plantes, comme dans celle que nous venons d'arracher tout à l'heure, les deux lobes qui formaient la graine sortent de terre avec la tige et y restent fixés, sous la figure de deux feuilles charnues, d'une teinte moins foncée que les véritables feuilles. Dans beaucoup d'autres, ils restent cachés sous la terre ; mais, apparents ou non, ils fournissent à la plante sa première nourriture, et ne se dessèchent que quand ses racines et ses feuilles sont assez développées pour puiser dans le sol et dans l'air les aliments qui lui sont nécessaires. Ces lobes nourriciers sont appelés cotylédons. Toutes les plantes n'en ont pas deux ; il y en a même qui n'en ont pas du tout, et les naturalistes ont eu recours à ce signe pour établir dans les végétaux trois grandes divisions, qu'ils subdivisent en un certain nombre de classes, de familles et de genres. Tous ces noms, je ne les connais pas ; il faudrait pour les retenir plus de mémoire que je n'en ai ; mais Henri a des livres dans lesquels vous verrez tout cela quand il vous plaira. Nous ne faisons pas un cours de botanique ; je serais un pauvre professeur ; nous causons seulement de ce que nous savons, en avouant franchement qu'on ferait un bien gros volume de ce que nous ne savons pas.

— Nous aimons mieux cela, grand'mère. C'est plus amusant et plus facile à retenir.

— Et si je t'inspire le désir d'étudier les plantes, ce sera toi qui me donneras des leçons l'année prochaine. En attendant, continuons. Les tiges de tous les végétaux sont loin de se ressembler ; entre celle d'un chêne et celle d'un rosier, la différence est énorme, et elle est encore très-grande entre celle d'un rosier et celle d'un réséda.

— La tige d'un chêne, c'est un tronc, n'est-ce pas, grand'mère ?

— Oui. Quand la tige atteint une certaine

hauteur avant de porter des branches, on lui donne le nom de tronc ; elle est composée d'une substance flexible appelée moelle, qui en occupe le milieu, et autour de laquelle sont arrangées des couches ligneuses dont le nombre dépend de l'âge de l'arbre ; car il s'en forme chaque année une nouvelle. Le tout, enfermé dans une espèce de gaîne ou d'écorce, est parcouru par des vaisseaux à travers lesquels circule la sève, qui n'est autre chose que le liquide absorbé par les racines. Les couches ligneuses les plus rapprochées de l'écorce sont les moins dures ; elles prennent le nom d'aubier ou de bois blanc, parce que leur nuance est beaucoup moins foncée que celle des couches qui avoisinent la moelle.

Les arbustes ont une tige ligneuse dont la grosseur et la dureté varient ; dans les autres plantes, la tige reste plus ou moins molle, selon la durée de ces plantes, qui sont annuelles, comme le pétunia, ou bisannuelles, comme l'œillet de Chine, ou vivaces, comme l'œillet ordinaire, l'héliotrope, la julienne.

La plupart des tiges sont élancées ; cependant il y en a qui rampent sur la terre, d'autres qui s'attachent par des crampons ou des vrilles aux murailles, aux treillages, aux arbres, comme le lierre, la vigne ; d'autres qui s'enroulent autour des branches qu'elles rencontrent ou des tuteurs qu'on leur donne, comme les volubilis et le houblon. Enfin, le blé, l'orge, l'avoine, beaucoup de plantes de nos prairies, ont des tiges creuses, et comme soudées de distance en distance par des nœuds. Ces tiges prennent le nom de chaumes.

— Je connais les chaumes, dis-je en riant ; ils ont mis en triste état mes bottines de chevreau.

— Après la moisson, les chaumes sont durs et tranchants ; ce n'est plus de l'herbe, c'est une paille courte qui peut se casser, mais qui ne plie pas. Je les connais aussi, ajouta Suzette, pour y avoir souvent conduit nos moutons.

— Autrefois, reprit bonne maman, on avait, dans beaucoup de villages, la mauvaise habitude de couvrir les maisons en chaume ; on y a renoncé, parce qu'il était presque impossible d'éteindre les incendies.

Les troncs des arbres donnent naissance à des branches, et les branches à des rameaux qui portent des feuilles et des fruits ; mais tout cela, branches, rameaux, feuilles et fruits, est d'abord renfermé dans le bourgeon. Le bourgeon s'annonce par une petite excroissance ordinairement rouge, qui brunit en grossissant et qui prend le nom de bouton, mais qu'il ne faut pas confondre avec les fleurs non encore écloses, comme les boutons de roses, d'œillets, de jasmins, d'orangers, avec lesquels ils n'ont pas de rapport.

Ceux dont nous parlons, c'est-à-dire les boutons des arbres, se divisent en boutons à bois, qui fournissent des rameaux, et en boutons à fruits, qui donnent des feuilles et des fleurs. Il est facile de les distinguer quand arrive le printemps, et même on peut savoir, dès à présent, si la prochaine récolte de poires et de pommes sera bonne, en supposant toutefois que le temps soit favorable. Les boutons à bois sont plus minces, plus allongés que les boutons à fruits; quand je vous aurai montré les uns et les autres, vous les reconnaîtrez aussi bien que moi.

Suzanne n'eut pas besoin de renseignements pour les distinguer; quant à moi, j'eus le déplaisir de prendre un pommier pour un poirier, et un cerisier pour un prunier; mais ma cousine ne songea point à se moquer de moi, comme je l'aurais peut-être fait à sa place.

— Tu ne ris pas de mon ignorance, Suzanne? lui demandai-je.

— Pourquoi rirais-je? dit-elle. Tu ne peux pas savoir ce qu'on ne t'a pas appris.

Elle a raison, et cette réponse si simple renferme une excellente leçon. Nous ne pouvons savoir que ce qu'on nous apprend, et rien n'est plus ridicule que de s'enorgueillir de ce qu'on sait, si ce n'est de se moquer de l'ignorance d'autrui.

Je touchai les boutons à bois et les boutons à fruits; je les trouvai si durs, qu'il me parut presque impossible qu'il en pût sortir des feuilles et des fleurs. J'en fis l'observation à grand'-maman.

— Dans les plantes herbacées, dit-elle, et dans les arbres des pays chauds, les boutons sont verts et tendres; mais la dureté que tu remarques dans ceux-ci est une précaution de la bonne mère nature, ou plutôt de la Providence. Pour résister aux rigueurs de l'hiver, il faut aux feuilles et aux fleurs qui sont renfermées dans ces boutons un vêtement qui les préserve du froid et de l'humidité. Ouvre un de ces boutons écailleux, tu le trouveras rempli d'une bourre chaude et légère, qui fait que les pousses du printemps prochain y dorment comme dans une boîte de coton, bien fermée au dehors et revêtue d'une espèce de vernis, à travers lequel l'humidité ne peut pénétrer.

Les premiers rayons du soleil viendront les réveiller; la séve, reprenant son cours, les gonflera peu à peu, et forcera les écailles à se desserrer, puis à s'entr'ouvrir, pour laisser passer la végétation nouvelle.

Les feuilles, d'abord pliées ou roulées, se développent bientôt. Elles se composent de deux parties :

1° Le limbe ou partie ordinairement plane et verte. Il présente des formes très-variées. Il peut être ovale, rond, en cœur, en fer de lance, en fer de flèche, etc. Quelquefois il n'existe pas ou ne s'étale pas en lame mince; la feuille alors a la forme d'une aiguille, comme dans le pin. D'autres fois il est épais et gorgé de sucs, comme dans les plantes grasses, la joubarbe, par exemple. Quand les bords du limbe ne présentent aucune solution de continuité, la feuille est *entière*, comme dans le lilas. Ils sont souvent plus ou moins découpés : on appelle dans ce cas *dents*, des divisions petites et aigües ; *crénelures*, des divisions petites et arrondies ; *fissures* et *lobes*, des divisions plus profondes ; *segments*, des divisions qui atteignent le milieu de la feuille.

La feuille est *simple*, si, malgré des divisions quelquefois profondes, ses différentes parties, demeurant dans une dépendance mutuelle, concourent à la formation d'un limbe unique. Elle est *composée*, si elle est formée par la réunion de folioles partielles, dont chacune présente, au premier abord, l'apparence d'une feuille distincte. Dans ce cas, elle est *pennée*, si les feuilles sont insérées deux à deux de part et d'autre du support commun à la manière des barbes d'une plume, comme dans l'acacia ; *palmée* (en main), si les folioles rayonnent à l'extrémité du pétiole commun, comme dans le marronnier d'Inde.

2° Le pétiole ou support, vulgairement la queue de la feuille. Il manque souvent, et alors la feuille est dite *sessile*. Quelquefois il se développe et s'aplanit de manière à présenter l'apparence d'un limbe ordinaire ; on l'appelle alors *phyllade*.

Voici maintenant l'anatomie de la feuille. Elle se compose :

1° Des *nervures*, faisceaux de fibres et de vaisseaux qui constituent la charpente de la feuille. Réunies dans le pétiole, les nervures s'épanouissent dans le limbe où leurs nombreuses ramifications forment un réseau délicat. Elles manquent ordinairement dans les feuilles entièrement submergées des végétaux aquatiques.

2° Du *parenchyme*, tissu composé de petites cellules colorées en vert. Il remplit les intervalles du réseau formé par les nervures. Il manque dans les feuilles de quelques végétaux aquatiques.

3° D'un *épiderme* ou peau très-fine. Il tapisse les deux faces de la feuille. De petites ouvertures ou *stomates* se trouvent sur l'épiderme ; ils sont plus nombreux sur la face inférieure qui doit recevoir et absorber les humides exhalaisons de la terre ; l'épiderme est plus luisant sur la face supérieure qui doit réfléchir les rayons trop ardents du soleil. L'épiderme manque dans les végétaux aquatiques sur les parties qui sont en contact immédiat avec l'eau On t'a parlé ailleurs de la respiration et de l'exhalation des plantes ; je n'y reviendrai pas. J'ajouterai seulement qu'il faut veiller à ce que les feuilles soient toujours bien nettes et luisantes, si l'on veut que la plante se porte bien. C'est une des raisons qui empêchent les plantes de prospérer dans les appartements.

— Je suis bien aise de savoir tout cela ; car je comptais mettre dans ma chambre, pour y passer l'hiver, toutes les plantes qui craignent la gelée.

— Tu leur choisiras un autre abri, et elles ne s'en trouveront pas plus mal. La poussière que tu ferais tous les matins leur nuirait beaucoup, parce qu'en s'attachant aux feuilles, elle en boucherait les pores et supprimerait la transpiration, qui leur est aussi nécessaire que la respiration. Si tu veux qu'elles ne souffrent pas trop, donne-leur autant de lumière que tu le pourras. L'obscurité leur est contraire : tu peux t'en assurer en mettant une plante en pot sur une fenêtre dont les volets ne seront qu'entr'ouverts ; tu verras bientôt toutes les feuilles se tourner vers cette ouverture et abandonner le côté du pot placé dans l'ombre ; si ce jour est insuffisant, la plante jaunira, tombera en langueur et finira par mourir. Si tu as une pièce bien éclairée et située au midi, dans laquelle tu puisses faire du feu par les grands froids, tes fleurs y seront bien pour passer l'hiver. Quand il fera doux, tu leur donneras de l'air; quand il pleuvra, tu les mettras dehors pour les débarrasser de la poussière; tu les arroseras peu, parce qu'en hiver la végétation est presque nulle, et que c'est seulement quand les plantes transpirent beaucoup qu'elles peuvent absorber beaucoup par les racines. Grâce à ces petits soins, si ta serre froide n'est pas riche en fleurs, tes plantes du moins ne périront pas; et dès que les premiers beaux jours reviendront, tu seras étonnée de leur vigueur.

Suzanne remercia grand'mère de ses bons conseils. Il était tard, et nous avions passé plus de trois heures dans le jardin quand le cousin Pierre, après avoir terminé ses affaires à Beaumont, rentra pour dîner avec nous, comme il l'avait promis. C'est un bien brave homme et un homme excellent; mais il estropie le français d'une si cruelle façon, qu'à la place de Suzanne, je me sentirais toute honteuse de l'entendre. Suzanne a plus d'esprit que moi, ou bien elle a un meilleur cœur;

elle écoute son père, et lorsqu'il lui échappe quelque grosse faute ou qu'il dit quelque mot étranger à tous les dictionnaires, elle n'a pas l'air de s'en apercevoir et n'en paraît pas du tout mortifiée. Je crois bien que si grand'maman parlait comme lui, je ne l'en aimerais pas moins; mais je suis bien contente que cela ne soit pas, et je vois mieux que jamais que l'instruction est une belle chose. Suzanne le voit aussi. j'en suis sûre, et c'est ce qui redouble son amour et sa reconnaissance pour ses parents.

Grand'maman nous a donné, à ma cousine et à moi, la chambre préparée pour ses chères petites-filles. Suzanne a couché dans ton lit, ma bonne Louise. Cela m'aurait fait de la peine quand je suis arrivée ici ; il m'aurait semblé qu'on en disposait parce que tu ne devais jamais l'occuper ; mais je n'ai plus de ces vilaines idées noires, depuis que je sais que tu vas mieux ; et tout en pensant à toi, j'ai été contente à mon réveil de voir la bonne et souriante figure de Suzanne.

Nous avons causé longtemps avant de nous endormir : elle, de sa pension, des amies qu'elle y a laissées ; moi, du couvent et de ma seule amie, dont il m'a été si pénible d'être séparée pendant les vacances. Puis elle m'a dit ce qu'elle comptait faire de son temps à Vallonville, et comment elle s'y prendrait pour continuer à s'instruire. Elle y tient beaucoup ; mais elle ne veut pas laisser voir à ses parents qu'elle leur fait un grand sacrifice en ne leur demandant pas de les quitter encore.

Ils sont riches, beaucoup plus riches que nous, grand'maman me l'a dit ; mais, quoiqu'ils soient intéressés, comme tous les gens qui connaissent la valeur de l'argent, parce qu'ils l'ont gagné, ils ne refuseront rien à Suzanne. Le cousin Pierre a déjà dit à table qu'il lui ferait bâtir une *resserre* pour ses fleurs. Avant la serre, elle veut une bibliothèque, dans laquelle les ouvrages sérieux auront une large place, et elle compte sur nous pour lui indiquer ceux qui nous seront recommandés. Si j'avais connu ses goûts, je lui en aurais apporté quelques-uns. Ce sera pour l'année prochaine.

VIII.

Le jardin de bonne maman est encore magnifique, malgré la gelée blanche dont je t'ai parlé l'autre jour. Quelques balsamines seulement ont perdu leurs fleurs ; mais les dahlias, qui craignent beaucoup le froid, paraissent à peine avoir souffert, et les rosiers, les asters, les pétunias, les phlox, les œillets de Chine, les verveines, les géraniums, les lobélies, ont encore tout leur éclat. Suzanne ne se lasse pas d'admirer ces plates-bandes si bien fournies, qu'on n'y voit pas une place vide, si bien soignées, qu'on n'y découvrirait pas une feuille morte, et elle se réjouit d'en posséder bientôt de semblables.

Avant sa visite, je trouvais que cette grande variété de fleurs de toutes nuances formait un coup d'œil charmant; mais je ne pensais pas à les examiner séparément, et j'avais tort : chacune a sa beauté particulière qui mérite de fixer les regards. Je commence à comprendre le plaisir que grand'maman peut avoir à les cultiver, à les voir s'épanouir, à compter les boutons qui promettent de les remplacer. Si elle n'y voyait que du rouge, du violet, du jaune et du bleu, elle s'en lasserait promptement; mais ces fleurs parlent à son esprit et à son cœur bien plus encore qu'à ses yeux.

Samedi, aussitôt après le déjeuner, Suzanne lui demanda si elle ne voulait pas descendre au jardin, pour achever, sur la vie des plantes, la leçon commencée la veille. Elle ne se fit pas prier ; mais quand elle y fut arrivée, elle nous dit :

— Regardez, mes enfants ; ce que vous verrez vaudra bien tout ce que je pourrais vous dire. Je vous ai parlé des racines qui se cachent sous la terre, des feuilles qui ont à remplir des fonctions dont vous ne pouviez soupçonner l'importance ;

mais il suffit de voir les fleurs pour les admirer et les aimer. Les formes les plus élégantes et les plus harmonieuses, les nuances les plus vives et les plus délicates, les parfums les plus subtils et les plus doux se réunissent pour faire de la fleur une véritable merveille. C'est le luxe de la nature, luxe répandu à profusion par la main puissante à laquelle rien n'a coûté. Non-seulement nos jardins, mais encore nos prairies, nos champs, nos forêts, nos montagnes les plus arides, nos sentiers les plus sauvages, en sont richement parés. Au bord des haies, le long des ruisseaux, entre les pierres entassées au hasard, sur la crête des murs, dans les crevasses des ruines, partout il y a des fleurs ; et la plus petite, la plus ignorée de ces fleurs, que nous foulons aux pieds, devient un sujet d'étonnement et d'admiration pour celui qui daigne prendre la peine de la regarder un instant. Il m'est arrivé souvent de cueillir quelqu'une de ces fleurettes auxquelles il me serait impossible de donner un nom et de me demander, après l'avoir longtemps examinée, si elle n'était pas plus belle que la plus belle de mes roses.

Je ne pus retenir une exclamation; bonne maman sourit.

— Cela ne veut pas dire, reprit-elle, que je dédaigne les fleurs que je possède; j'apprécie tout ce qu'elles doivent à la culture; mais je reconnais que les plus petites et les moins brillantes sont aussi pour nous une preuve de la puissance et de la bonté du Seigneur.

— Un bouquet de fleurs des champs a bien son prix, dit Suzanne.

— Oui, répondis-je; mais tu n'en parlerais pas, si tu avais vu celui que j'ai donné à bonne maman, il y a huit jours.

— Il était bien beau, reprit grand'mère. Il faut croire d'ailleurs qu'on ne peut rien trouver de plus gracieux que les fleurs, puisqu'on offre des bouquets aux souverains, et qu'on en couronne le front des mariées. On en dépose aussi sur le cercueil des jeunes filles, et la douleur la plus profonde trouve une consolation à les voir s'épanouir sur des tombes vénérées. Pour quiconque réfléchit, cette consolation est facile à expliquer : la vue d'une fleur dans un cimetière est comme un rayon d'espérance, c'est la vie dans le domaine de la mort. Il y a des impressions dont on ne se rend pas compte et qu'on subit sans le vouloir. On est moins triste, quel que soit le sujet de cette tristesse, quand le soleil brille que quand il se cache sous un épais rideau de nuages ; l'âme s'ouvre à la joie quand le printemps renaît, et l'aspect des fleurs semées à profusion dans la jeune verdure n'a jamais porté personne à la mélancolie.

— C'est bien vrai, ma tante. On voit, tous les dimanches, les jeunes filles de Vallonville se diriger du côté de la prairie : on ne va du côté des forges que quand on y est obligé. Quand, par hasard, j'y accompagne mon père et que je regarde ces chemins noirs, ces dépôts de houille, ces amas de minerais, ces barres de fer entassées, il me semble que je suis dans un pays désolé ; j'ai hâte de me retrouver au milieu de nos champs ; et je cueille les premières fleurs que j'y rencontre avec autant de plaisir que si j'avais craint de ne plus les revoir.

— Les fleurs, reprit grand'mère, n'ont cependant pas été créées uniquement pour charmer nos yeux et réjouir notre cœur ; elles sont une des parties essentielles de la plante ; car, sans la fleur, point de semence ; et sans semence, point de reproduction. Sur les montagnes très-élevées, où règnent les longs hivers, on ne voit presque point de plantes annuelles, parce que si les rapides jours de l'été font épanouir les fleurs, ils leur laissent rarement le temps de porter et de mûrir leur graine. La même chose arrive dans nos jardins, quand les pluies sont trop abondantes ou que les froids viennent trop tôt. L'année dernière, je n'ai presque point recueilli de semences tardives, et je n'aurais pas eu un aster cet été, si une amie ne m'en eût envoyé.

— Vous nous avez dit, bonne maman, que la fleur n'est que le berceau du fruit ; mais toutes les plantes qui fleurissent ne portent pas de fruits.

— Tu veux dire que tous les fruits ne sont pas bons à manger, comme ceux du cerisier, du pommier, du poirier ; mais toutes les plantes donnent des fruits. Tantôt c'est une cosse, une baie, une gousse, une capsule, un sachet dont la forme varie ; mais, soit sec, soit charnu, le fruit existe et contient la graine, comme la poire contient ses pépins et la cerise son noyau.

Dans le langage ordinaire, on appelle fleur la corolle, qui est la partie la plus brillante de la fleur, mais qui n'en est qu'une partie, tandis qu'une fleur complète renferme, outre la corolle, le calice, le pistil et les étamines. Toutes les fleurs ne réunissent pas ces quatre parties; il y en a qui n'ont que des étamines et point de pistil; d'autres qui ont un pistil et point d'étamines; il y en a d'autres qui n'ont point de calice, et d'autres enfin qui sont à la fois dépourvues de calice et de corolle. Vous pourriez dire de ces dernières que ce ne sont pas des fleurs; car elles n'ont rien qui attire le regard; mais il suffit pour porter ce nom qu'elles servent à la reproduction de la plante.

La corolle peut n'avoir qu'un seul pétale, comme dans le liseron, et en avoir un grand nombre, comme dans la rose. C'est à la corolle qu'appartiennent les belles couleurs et le parfum de la fleur; mais pour les botanistes, elle n'est que l'enveloppe du pistil et des étamines. Souvent il existe une seconde enveloppe, qu'on nomme calice. Le calice est presque toujours vert, comme dans la rose, l'œillet, la giroflée ; cependant il est rouge, violet ou blanc, dans le fuchsia.

Au milieu de la corolle s'élève ordinairement le pistil, autour duquel sont rangées les étamines. Le pistil a ordinairement la forme d'une petite bouteille large à la base, munie d'un long cou et terminée par une espèce de bouchon percé de trous. Les étamines sont des fils ou filets plus ou moins déliés, qui portent à leur extrémité supérieure une petite bourse ou sachet, qu'on appelle anthère.

L'anthère contient le pollen ou poussière fécondante, qui s'en échappe lorsqu'elle est mûre ; les ouvertures du pistil la recueillent, la nourrissent pendant un certain temps, puis la laissent glisser jusque dans la petite bouteille qu'on nomme ovaire, parce qu'elle renferme les œufs ou ovules qui donneront naissance à la plante nouvelle. Les ovules se développent, l'ovaire grossit, mais la fleur se fane, et bientôt ses pétales tombent, parce que, la reproduction de la plante étant assurée, son rôle est fini. L'ovaire continue de croître après la chute des pétales ; il devient le fruit ou l'enveloppe de la graine. Il attire à lui la plus grande partie de la sève ; et quand il a atteint sa grosseur, il quitte la couleur verte pour prendre des teintes qui varient selon les diverses espèces de fruits.

Les savants les plus. distingués ne savent pas mieux que nous pourquoi la groseille et la cerise sont rouges, la mirabelle jaune, et la reine-claude verte. Ils nous disent que c'est l'action de la lumière qui colore les fruits, et ils ont raison ; car voici, sur le même pied de chasselas, des grappes richement dorées, parce qu'elles ont mûri au soleil, et des grappes qui sont restées vertes, parce que nous les avons enfermées dans des sacs, pour les soustraire aux attaques des moineaux. Mais comment il se fait que les mêmes rayons donnent aux fruits des couleurs si différentes, ils ne peuvent le dire ; et ils ne sont guère plus habiles à expliquer pourquoi le goût de la pêche n'est pas celui de l'abricot, pourquoi la fraise est molle et la noisette dure, pourquoi certaines poires restent si âpres, tandis qu'il y en a de si fondantes et de si parfumées.

La sève subit diverses modifications qui restent pour nous un mystère, mais que nous pouvons admirer sans les comprendre, et dont nous devons remercier la bonté divine, puisqu'elle nous donne non-seulement le pain de chaque jour, mais une merveilleuse variété de fruits, grâce auxquels les végétaux deviennent la richesse de la nature, après en avoir été l'ornement.

Beaucoup de plantes ne sont belles que pendant leur floraison ; c'est pourquoi l'on estime tant dans nos parterres celles dont les fleurs se succèdent pendant toute la belle saison ; mais les fruits du pommier, du poirier, du pêcher, du cerisier, du groseillier, de la vigne, joignent la beauté à la qualité ; ils sont la parure de nos jardins aussi bien que de nos tables, surtout depuis qu'on réussit à donner aux arbres qui les portent une figure régulière et gracieuse.

Ce n'est pas la nature toute seule qui dresse les beaux arbres et donne les bons fruits ; il faut que les soins d'un habile jardinier lui viennent en aide, comme il faut que l'éducation et l'instruction développent les facultés que nous avons. Mettez en terre un pépin de pomme ou de poire ; il en sortira un pommier ou un poirier ; mais ce nouvel arbre ne produira que de petits fruits amers et coriaces, qui ne rappelleront en rien la pulpe délicieuse de laquelle vous avez retiré ce pépin. Laissez grandir un enfant sans l'instruire, sans le diriger, sans le reprendre de ses défauts; vous n'obtiendrez rien ni de son esprit ni de son cœur. C'est par la taille, la greffe, la culture, que l'homme a fait des sauvageons de nos forêts, les arbres précieux qu'on désigne sous le nom d'arbres fruitiers, quoique tous les arbres, toutes les plantes et jusqu'aux moindres herbes, portent des fruits.

Ce ne sont pas les plantes les plus hautes qui donnent les plus belles fleurs, ni les plus grands arbres qui rapportent les plus gros fruits. La reine-marguerite, le camélia, la pivoine, ont de magnifiques fleurs, si on les compare à celles des arbres de nos forêts; et les fruits du chêne, du hêtre, de l'orme, du tilleul, sont loin d'égaler en grosseur ceux du melon ou de la citrouille; mais nous n'avons pas besoin, comme le villageois dont parle la Fontaine, de recevoir un gland sur le nez pour savoir que les œuvres de la nature sont bien faites.

Pour voir des fleurs gigantesques et des fruits

énormes, c'est sous la zone torride qu'il faudrait aller ; mais nous sommes encore assez bien partagés pour nous contenter de ce que nous avons.

Les naturalistes disent que les fleurs et ensuite les fruits ne sont qu'une modification des feuilles. Elles s'allongent en vrilles dans les plantes grimpantes, telles que les pois ou la vigne ; elles forment le calice et les pétales des fleurs, puis les gousses, les cosses, les capsules qui servent d'enveloppe à la graine, partie essentielle du fruit, puisqu'elle sert à la reproduction de l'espèce.

On ne peut trop admirer le soin avec lequel la nature a recouvert la graine d'enveloppes destinées à la protéger. Si vous coupez une poire, vous trouverez les pépins au centre dans de petites loges, solidement murées et défendues contre l'humidité de la pulpe par un vernis inaltérable. Et dans cette petite loge où elle se tient blottie, la graine n'est pas nue ; une pellicule brune assez épaisse la recouvre encore. Ouvrez une cerise ; au milieu de sa chair existe un noyau, et dans ce noyau l'amande revêtue d'une dernière enveloppe protectrice. Dans la pêche, ce noyau est si dur, qu'il faut souvent avoir recours à un marteau pour le casser.

Les petites graines ne sont pas seulement défendues par la gousse, la coque, la capsule ou la follicule qui les renferme ; elles ont une écorce tantôt lisse, tantôt ridée, mais toujours assez solide pour préserver l'amande qu'elle recouvre, et dans laquelle se trouve le germe de la plante nouvelle.

Les graines affectent les formes les plus variées; elles sont rondes, ovales, pointues, étoilées, creusées ou renflées à leur centre, pourvues d'ailes ou d'aigrettes, qui servent à en faciliter la dispersion à de très-grandes distances.

Là se montre encore la sollicitude de la Providence. Si toutes les graines tombaient au pied de la plante qui les porte, elles l'étoufferaient ou manqueraient d'espace pour se développer ; le vent se charge de disperser les plus légères et de porter au loin celles qui ont des ailes ou du duvet. Les pluies entraînent les plus lourdes, et les abandonnent bientôt ou les conduisent aux ruisseaux, aux rivières, et souvent jusqu'au delà des mers.

Certains fruits éclatent lorsque la graine est mûre et la projettent à des distances plus ou moins grandes ; d'autres inclinent leurs capsules et les répandent avec autant de régularité que pourrait le faire la main du semeur. Qu'un peu de terre les recouvre, que les feuilles tombées les préservent des rigueurs de l'hiver, et vous verrez croître au printemps une multitude de plantes non-seulement sur le terreau de vos plates-bandes, mais jusque dans le sable de vos allées. C'est de cette manière que se reproduisent nos grands arbres ; les glands, les faines, les châtaignes, les marrons, tombent en automne ; les pluies les enfoncent dans le sol, les feuilles les recouvrent, l'humidité de l'hiver attendrit leur dure enveloppe ; elle se rompt quand arrivent les beaux jours, et des chênes, des hêtres, des châtaigniers, des marronniers s'élèvent au pied de ceux qui ont produit ces graines. Les plus robustes seulement prospèrent, les autres périssent, pour leur faire place, afin qu'ils puissent succéder aux vieux pieds qu'abattra bientôt la hache du bûcheron.

Il y a bien des graines perdues ; mais le nombre

que chaque plante donne est si grand, que ce qu'il en reste suffit pour entretenir la richesse végétale du globe. Toutes les latitudes et tous les terrains ne sont pas également propres à nourrir toutes les plantes. Chaque zone a les siennes, qu'on ne trouve pas ailleurs, et c'est à peine si quelques espèces rustiques s'accommodent du froid comme de la chaleur. Quant aux autres, elles meurent si on les transporte loin du pays où elles sont nées; et si elles y vivent, elles ne peuvent y fructifier ni même y fleurir.

Il faut ajouter que les plantes d'un même climat exigent pour prospérer des conditions différentes; ainsi celles qui se plaisent au bord des eaux périraient sur les montagnes, et celles qui vivent à l'ombre des forêts se dessécheraient dans les plaines.

L'orge croît à peu près partout; c'est de toutes les céréales celle qui s'avance le plus vers le nord; le seigle et l'avoine viennent ensuite. Le blé est plus difficile sur la nature du sol auquel on le confie, et il demande plus de chaleur pour mûrir son fruit. Le riz en exige encore davantage. Toutes ces plantes si précieuses appartiennent, ainsi que la plupart des herbes de nos prairies, à la grande famille des graminées, qui se reconnaît à sa tige creuse, appelée chaume.

Un autre membre de cette famille, qui ne croît que dans la zone torride, est la canne à sucre, espèce de grand roseau rempli d'un jus dont on se servait exclusivement autrefois pour la fabrication du sucre.

— Aujourd'hui, dit Suzanne, on en fabrique avec des betteraves. Je le sais, car mon père en a planté trois hectares pour la sucrerie de M. Dubois.

— Le sucre de betterave est aussi beau et aussi bon que le sucre de canne ; il est impossible de les distinguer l'un de l'autre ; d'ailleurs les sucres de canne sont expédiés bruts par les colons et sont raffinés en France avec les sucres de betterave. Le café, le cacao, la vanille, le camphre, le quinquina, le poivre, la cannelle, l'indigo, sont aussi des productions végétales propres aux chaudes régions. Mais ce qui distingue surtout ces terres aimées du soleil, c'est la superbe famille des palmiers.

Le dattier, le cocotier, le sagoutier, et plusieurs

autres arbres non moins remarquables, sont des palmiers, comme le blé, l'orge, l'avoine sont des graminées. Tous se reconnaissent à leur tige droite et élancée, que couronne un magnifique panache de verdure. Ce panache se compose de quarante à cinquante feuilles seulement, mais quelles feuilles! Elles ont trois, quatre et même six mètres de longueur, et consistent en une multitude de folioles disposées comme les barbes d'une plume de chaque côté d'une arête solide et flexible que le vent agite comme une banderole.

Les palmiers donnent à la végétation de la zone torride un aspect tout particulier; mais leur beauté n'est rien encore, si on la compare à leur utilité. La Providence a voulu que dans ces pays, où la terre est brûlante comme le soleil, l'homme pût facilement trouver les choses nécessaires à sa subsistance; et en lui donnant les palmiers, elle lui a donné l'abri, le vêtement, la nourriture et la plupart des douceurs de la vie.

— Ce que j'ai lu, quelques jours avant les vacances, est donc vrai? dit Suzanne. C'était le récit d'un voyageur qui assurait avoir trouvé sous la hutte d'un Indien plusieurs mets excellents dus au fruit du cocotier, ainsi qu'un vin délicieux, de l'eau-de-vie, des confitures, du vinaigre, des habits et des ustensiles de toutes sortes.

— Oui, reprit bonne maman, rien n'est plus vrai. La noix du cocotier, lorsqu'elle n'est pas encore mûre, contient une boisson rafraîchissante appelée lait de coco ; lorsqu'elle mûrit, l'eau diminue au profit de l'amande, qui devient alors aussi nourrissante qu'agréable au goût. On peut la manger fraîche ou en extraire une huile qui sert à la préparation des aliments. Lorsqu'on fait une incision au tronc du dattier ou à la partie tendre et délicate qui porte les fleurs du cocotier, il en découle un liquide sucré, dont la fermentation fait du vin et qu'on distille ensuite pour en tirer de l'eau-de-vie. En le faisant bouillir, on en extrait du sucre ; et en le laissant au soleil pendant un certain temps, il devient du vinaigre.

Le sagoutier donne une fécule très-recherchée sous le nom de sagou ; l'arec ou chou-palmiste a pour couronne un chou beaucoup meilleur que les nôtres ; un autre palmier dont la tige atteint jusqu'à soixante mètres de hauteur, fournit de la cire en abondance.

Tous ces arbres, et beaucoup d'autres appartenant à la même famille, fournissent aux indigènes leur bois pour construire des cabanes, leurs feuilles pour en couvrir le toit, leurs fibres pour tisser des vêtements, des chapeaux, des nattes de toutes sortes, et l'enveloppe de leurs fruits pour fabriquer des ustensiles de ménage.

Nous voici bien loin des humbles fleurettes de mon parterre et même des plus grands arbres de nos forêts; mais je crois que nous ne devons pas envier à ces climats leur splendide végétation, due à l'extrême chaleur de l'été et aux pluies abondantes qui sont le seul hiver de la zone torride.

— Il paraît qu'il y a des orages terribles dans ce pays-là, dis-je à Suzanne.

— Et des animaux féroces, ajouta-t-elle, des lions, des tigres, des hyènes, sans compter d'horribles serpents, de voraces crocodiles et des nuées d'insectes altérés de sang.

— J'ai trop de peine à supporter les piqûres des cousins pour regretter les palmiers sous lesquels bourdonnent de pareils essaims. J'aime mieux la verdure un peu monotone de nos bois, les champs de blé dans lesquels se montrent les bluets et les coquelicots, les prairies toutes blanches de marguerites, et notre jardin plein de fleurs et de fruits.

— Et moi, dit Suzanne, je ne désirerai jamais d'en avoir un plus beau que celui-là.

— Ce serait facile pourtant, reprit ma grand'-mère; je n'ai que des plantes ordinaires et rustiques. Ce qui les rend belles, c'est le soin que je prends de les arroser, sans attendre qu'elles se fanent pour m'avertir qu'elles en ont besoin, de cultiver souvent la terre qui en couvre le pied, pour que l'air et la chaleur y puissent pénétrer, enfin d'enlever les fleurs flétries qui nuiraient à la fraîcheur de l'ensemble. Quant à l'art de marier les couleurs dans la disposition des plantes, je ne m'en suis jamais beaucoup préoccupée; trop de symétrie me plairait moins que le pêle-mêle gracieux des formes et des nuances.

— Un peu de confusion a quelque chose de plus naturel, dit Suzanne.

— Il ne faudrait pas vous figurer pourtant, mes enfants, qu'il règne dans la nature la moindre confusion. Le plus bel ordre, au contraire, s'y fait voir en toutes choses, même dans les plantes les plus modestes. Chaque graine confiée à la terre germe dès que la température a atteint le degré nécessaire ; ce germe se dirige de manière à ce que la racine s'enfonce pendant que la tige s'élève ; la tige donne des rameaux, les rameaux portent des feuilles ; mais ces feuilles ne poussent pas au hasard ; elles sont régulièrement disposées, soit seules, soit deux à deux, soit en plus grand nombre. Quand une première feuille pousse seule d'un côté de la branche et la seconde de l'autre côté, mais plus haut, comme dans le pêcher, par exemple, on dit qu'elles sont alternes ; quand elles partent deux à deux, l'une à droite, l'autre à gauche, comme dans l'ortie, on dit qu'elles sont opposées ; quand elles sont en plus grand nombre et rangées autour de l'axe, comme dans le laurier-rose, on dit qu'elles sont verticillées ; mais quel que soit leur mode d'insertion sur les rameaux, on peut remarquer qu'elles sont placées de manière à ne pas se recouvrir, et que leur face luisante est toujours tournée vers le ciel. C'est là leur véritable position ; si on les force à en prendre une autre, elles ne la conservent pas longtemps.

Là disposition des fleurs est, comme celle des feuilles, soumise à des lois invariables. Les fleurs terminent toujours la tige ou les rameaux de la plante à laquelle elles appartiennent. Quand elles sont portées par de petits pédoncules qui se relient à un axe commun, terminé lui-même par une fleur, elles forment une grappe ; ainsi le lis et la groseille fleurissent en grappes. Quand les fleurs ainsi disposées n'ont qu'un pédoncule très-court, la grappe prend le nom d'épi : ainsi la julienne. Le blé forme un épi composé, c'est-à-dire une réunion d'épis disposés eux-mêmes en épis, comme le raisin forme une grappe composée de la réunion de plusieurs fleurs groupées elles-mêmes en grappes.

Quand les fleurs portées par des pédoncules inégaux s'arrondissent en parasol, on dit qu'elles sont en corymbe ; quand elles affectent la même forme et que leurs pédoncules sont égaux, elles sont en ombelle. Le corymbe et l'ombelle sont composés, quand ils sont formés de la réunion de plusieurs groupes de fleurs, disposées en corymbe ou en ombelle : ainsi l'alizier des bois, le cerfeuil. Les fleurs sont en cime quand le rameau terminé par une fleur donne naissance à deux autres rameaux terminés aussi par une fleur, du pied de laquelle partent encore deux rameaux : ainsi la gentiane.

Les fleurs en capitule sont formées de la réunion d'un grand nombre de fleurs sans pédoncules insérées sur un axe ordinairement en forme de disque. La marguerite, la scabieuse, le pissenlit, le bluet, la camomille, les chrysanthèmes, et une foule d'autres plantes, fleurissent en capitule, c'est-à-dire que, sous l'apparence d'une fleur unique, elles sont formées d'une réunion plus ou moins nombreuse de petites fleurs.

— Ainsi, grand'maman, cette belle reine-marguerite aux pétales roses si rapprochés les uns des autres ne doit pas être considérée comme une seule fleur ? demandai-je avec étonnement.

— Non, ma fille. Tu peux t'en assurer en l'effeuillant. Ce que tu prends pour un pétale est la corolle d'une de ces petites fleurs, réunies en capitule. Il en est de même des petits godets qui forment le cœur de cette marguerite lilas. Chacun de ces godets est encore une fleur. Le cœur même, qui a l'apparence de petits grains jaunâtres dans la marguerite des champs, est une réunion de fleurs. Toutes ne sont pas complètes ; les unes n'ont pas de pistil, les autres manquent d'étamines ; mais le pollen, ou poussière fécondante, se répand assez, quand le moment est venu, pour que la graine ailée de ces espèces de plantes puisse être disséminée en abondance.

Vous avez maintes fois vu des lis, au moment où le pollen mûr s'échappait des anthères ; vous avez certainement pris plaisir à vous barbouiller de cette poussière jaune, ou mieux encore à en barbouiller le nez des autres. Eh bien ! cette poussière, moins apparente dans beaucoup de fleurs, n'est autre que le pollen, fourni par les étamines. Plusieurs sortes d'arbres ont des grappes entièrement formées de fleurs sans pistil ; le noisetier, par exemple. Ces grappes se nomment chatons. On se figure, quand on les voit très-nombreuses, qu'il y aura beaucoup de noisettes ; c'est une erreur : les chatons ne portent pas de fruits, ils sont chargés seulement de laisser tomber leur pollen sur d'autres fleurs, qui ressemblent à un bouton surmonté d'une petite aigrette rouge.

Le vent se charge de porter où il faut cette

poussière fécondante, et les abeilles, les papillons, tous les insectes qui volent de fleur en fleur, emportent attachés à leurs pattes des grains de pollen, dont ils font, sans le savoir, une ample distribution.

— Tout cela est bien beau, tout cela est merveilleux, dit Suzanne.

Je ne sais si grand'mère avait encore beaucoup de choses à nous dire; mais on est venu la prévenir de l'arrivée du pépiniériste, qui désirait savoir quelles espèces d'arbres il devait lui réserver pour un verger qu'elle veut créer au bout de son jardin. Elle le fit prier de venir lui-même juger de celles qui y réussiraient le mieux.

Il entra en compagnie d'un voisin avec lequel il causait dans la rue, et qui me parut être un bien sot personnage; car les premiers mots qu'il dit à bonne maman furent ceux-ci :

— Comment ! madame Duclos, vous voulez faire une plantation, à votre âge ?

— Ne faut-il donc travailler que pour soi ? répondit-elle avec douceur. Si je ne suis plus de ce monde quand viendra le moment d'en profiter, d'autres y seront ; et qui sait si, en se promenant sous ces beaux arbres chargés de fruits, ils ne penseront pas avec plus de tendresse à la pauvre vieille qui les aura plantés?

— Qui sait? qui sait? maugréa l'homme. Les enfants sont si ingrats....

Bonne maman ne l'entendit pas ; mais Suzanne, qui vit sans doute combien j'étais blessée de ces deux sorties inconvenantes, lui dit :

— Ils ne le sont pas tous, monsieur Henrion. Cela pourrait bien dépendre un peu de la manière dont on les élève.

M. Henrion a deux fils qui passent pour les plus mauvais sujets du village, et dont il lui est impossible de se faire écouter, parce qu'il a été trop longtemps l'esclave de toutes leurs volontés. Il s'éloigna sans répondre, et Suzanne regretta d'avoir frappé si juste.

Pendant que bonne maman causait avec le pépiniériste, nous avons voulu faire un tour dans les champs; mais nous n'étions pas au bout du village quand Suzanne a rencontré la laitière de Vallonville, qui, en lui annonçant la prétendue maladie de son frère, l'a forcée à nous quitter plus tôt qu'elle ne s'y attendait.

IX

J'ai employé deux grandes journées à écrire le
résumé très-incomplet de toutes les belles choses
que bonne maman nous a dites sur les plantes. Ce
qu'elle m'a appris m'a inspiré le désir d'en savoir
davantage; et si, comme je l'espère, tu es de mon
avis, nous n'en resterons pas là. L'étude de ces
gracieuses merveilles qu'on appelle les fleurs est
bien digne d'attirer notre attention. Mon oncle
m'a promis de me donner plusieurs volumes que
nous lirons à loisir, et il s'est engagé à nous faire,
pendant les vacances prochaines, un petit cours
de botanique, qui sera pour nous une succession

de plaisirs ; car nous irons avec lui dans les champs et dans les bois, à la recherche des plantes nécessaires pour composer un herbier.

Suzanne voudra certainement profiter de cette occasion d'apprendre à connaître à fond les fleurs qu'elle aime tant, et le cousin Pierre ne pourra refuser de nous la laisser pendant plusieurs semaines. Quelles bonnes vacances nous passerons toutes trois ! Quel agréable dédommagement des ennuis que nous avons eus pendant celles-ci ! Mais j'aurais tort de me plaindre, puisque tu nous es rendue, ma bonne Louise.

Ne va pas être jalouse de Suzanne : je l'aime beaucoup, il est vrai ; mais toi, tu es ma sœur, tu seras toujours ma meilleure amie ; et depuis que j'ai craint de ne plus te revoir, je sens encore mieux qu'il me serait impossible de me passer de toi.

J'ai été contente d'avoir beaucoup à écrire hier. Il pleuvait un peu le matin, le vent grondait dans les cheminées et se plaignait dans le long corridor qui va de la cour au jardin. Vers dix heures, les roulements, les sifflements ont redoublé ; pendant que nous étions à table, une fenêtre mal fermée s'est ouverte avec violence, et tous les carreaux en ont été brisés. A deux heures, les tuiles arrachées des toits volaient dans la rue, les belles poires des deux grands arbres du jardin tombaient comme si on les eût abattues, et la longue file de peupliers qui bordent, à gauche, le pré du voisin, se courbaient presque jusqu'à terre, en faisant entendre une musique lugubre que je ne sais à quoi comparer.

Je n'étais guère plus rassurée que le jour de l'orage; mon oncle s'en aperçut et me dit en riant :

— N'aie pas peur, Anna; la maison est toute neuve, le vent ne la renversera pas. Laisse-le gémir et hurler; c'est du bruit, mais rien de plus.

— Si vous vouliez m'expliquer ce que c'est que ce bruit, mon oncle, je crois qu'en vous écoutant, je cesserais de l'entendre,

— Maître corbeau sur un arbre perché..., répondit-il en me menaçant du doigt.

— Tenait en son bec un fromage.... Eh bien ! oui, mon oncle, repris-je. Le fromage que je veux vous extorquer, c'est votre savoir; mais celui-là ne ressemble pas à celui du corbeau ; vous pouvez le partager avec moi sans en rien perdre.

— Et quand on peut enrichir les autres sans s'appauvrir, on aurait tort de s'y refuser. Assieds-toi donc, petite flatteuse, et causons, puisque tu le veux.

Le vent n'est rien autre chose que l'agitation de l'air. L'air est toujours agité, donc il fait toujours du vent. Pendant les grandes chaleurs de l'été, quand le temps est orageux et l'atmosphère alourdie, on se plaint quelquefois de ne pas sentir le moindre souffle d'air, de ne pas voir remuer le moindre brin d'herbe ; mais dans cette plainte, il y a de l'exagération ; et si l'on regardait mieux, on verrait encore le vent imprimer aux feuilles des arbres un léger balancement. Le calme complet aurait quelque chose de sinistre et annoncerait quelque grande crise. On l'a quelquefois observé pendant les dernières secondes qui précédaient un tremblement de terre. Tant que l'agitation de l'air n'acquiert pas la vitesse d'un homme qui marche, c'est-à-dire tant qu'elle ne parcourt pas de quatre à cinq kilomètres en une heure, elle n'est pas sensible, et l'on dit qu'il ne fait pas de vent; mais il suffit d'un refroidissement de la température pour que cette agitation augmente beaucoup.

— Mais, mon oncle, les grands vents soufflent en été aussi bien qu'en hiver; et hier encore, il faisait aussi chaud qu'au mois de juillet.

— Tu as raison : c'est même dans la zone torride qu'ont lieu les coups de vent les plus furieux. Ici les dégâts produits par le vent sont ordinairement nuls, ou se bornent à quelques branches cassées, à quelques cheminées renversées; mais dans les régions équatoriales, il cause d'affreux désastres. Rien ne lui résiste, ni les forêts, ni les habitations, ni les vaisseaux; il brise et déracine les arbres, renverse les édifices, broie les navires les uns contre les autres, les soulève à de grandes hauteurs et les laisse retomber de tout leur poids, comme la main capricieuse d'un enfant laisse retomber la balle dont elle est fatiguée. C'est précisément à l'excessive chaleur de ces climats que sont dus ces ouragans terribles, et tu vas le comprendre tout de suite. Tu te rappelles l'effet que le soleil produit sur la terre humide, sur les cours d'eau et principalement sur la mer?

— Il leur enlève une quantité de vapeur d'autant plus grande, que ses rayons sont plus ardents.

— Tu ne pouvais mieux répondre. Cette évaporation est telle, que le niveau des mers baisserait en peu de temps, si les fleuves et les rivières ne leur rendaient ce qu'elles perdent. Mais pour que les fleuves et les rivières portent leur tribut à l'Océan, il faut qu'ils soient eux-mêmes alimentés par les pluies.

— Vous me l'avez dit, mon oncle, et j'en ai été frappée : car je n'avais jamais pensé à me demander d'où venait la pluie et où elle allait.

— Tu as admiré ce bel ordre en vertu duquel les eaux salées de la mer retombent en pluie douce sur la terre, et retournent au grand réservoir, après avoir accompli leur action bienfaisante. Tu n'as pas oublié non-plus que, dilatées par la chaleur, ces vapeurs se resserrent dès que la température vient à s'abaisser, et que les vésicules dont les nuages sont formés, devenant plus lourdes que l'air, ne peuvent plus s'y soutenir.

Quand une pluie abondante s'échappe de ces nuages, il se produit dans les régions élevées un vide égal à l'espace qu'ils occupaient, et des couches d'air se précipitent aussitôt pour le remplir

Ce n'est pas seulement la chute de la pluie qui produit un vide dans l'atmosphère ; l'air est un corps composé d'une infinité de molécules, que la chaleur dilate et que le froid resserre ; plus il fait chaud, plus la même masse d'air occupe d'espace ; si elle se refroidit, les molécules se rapprochent en laissant un vide d'autant plus grand que le froid est plus vif, qu'il succède à une chaleur plus grande, et qu'il arrive plus subitement. Quand la température s'abaisse peu à peu, l'air se resserre de même, et le vide qu'il laisse se remplit d'une manière presque insensible ; mais dans le cas contraire, le vide s'opère avec rapidité, et les couches d'air s'y engouffrent avec une fureur égale à celle des eaux d'un torrent dont on aurait rompu la digue.

Le vent commence à être fort quand il parcourt trente kilomètres par heure ; mais cette vitesse peut être doublée et même quadruplée. Quand elle atteint cent kilomètres, on dit qu'il y a tempête; et la tempête devient ouragan, lorsque ce chiffre est considérablement dépassé.

— Le vent d'aujourd'hui peut-il s'appeler une tempête?

— Il faudrait pour cela qu'il fût trois fois plus violent; le vent atteint rarement dans nos pays les proportions d'une tempête; il est beaucoup plus fort que l'Océan, où il n'est arrêté par aucun obstacle. C'est là que la tempête sévit; cependant elle est moins à craindre en pleine mer que sur les côtes, parce qu'elle lance les vaisseaux contre les rochers, où ils périssent fréquemment. Quand la tempête dure peu et qu'elle n'atteint pas des proportions effrayantes, on lui donne le nom de grain.

— Les ouragans ont lieu sur terre comme sur mer, n'est-ce pas, mon oncle? J'ai souvent entendu dire : Quel ouragan !

— C'est encore de l'exagération; car il est certain que ceux qui auraient pu être témoins d'un véritable ouragan, soit en Chine, soit aux Antilles, ne songeraient pas à établir une comparaison entre nos coups de vent et ceux-là. On voit cependant quelquefois des tourbillons furieux qui laissent la désolation dans les lieux sur lesquels ils s'abattent. On les appelle des trombes. Elles sont ordinairement accompagnées de tonnerre et d'éclairs, ce qui fait supposer à quelques savants que l'électricité y joue un grand rôle ; mais il suffirait du vent qui peut acquérir une violence inouïe pour accomplir en quelques instants la ruine d'un ou de plusieurs villages. Tu as vu, ce matin, le vent balayer rapidement la route, puis, se repliant sur lui-même, faire tournoyer les feuilles tombées, les brins d'avoine arrachés aux gerbes qu'on se hâtait de remettre, les menues branches abattues, la poussière et les graviers. Ces tourbillons peuvent te faire comprendre ce que c'est qu'une trombe, dans laquelle le vent enlève, pour s'en faire un jouet, des arbres entiers, des pans de murailles, des toitures, des maisons avec leurs habitants. Il ne se passe guère d'années sans que les journaux rendent compte de quelque terrible orage ; mais on voit très-rarement de ces trombes dévastatrices.

— Je croyais qu'il n'y avait des trombes que sur mer.

— Elles y sont, en effet, plus fréquentes et tout aussi dangereuses. Les eaux se soulèvent en forme de colonne ou de cône, dont le pied touche à la mer et la tête aux nuages, et qui tourne sur lui-même avec une effrayante rapidité, en même temps qu'il s'avance vers un point quelconque sous l'effort du vent. Ce serait un beau phénomène à contempler, s'il menaçait moins sérieusement l'existence de ceux qui le voient ; mais les marins songent plutôt à fuir la trombe qu'à l'admirer. Si elle marche dans leur direction, ils s'efforcent d'en changer ; et s'ils n'y peuvent réussir, ils dirigent contre elle leur artillerie, et font feu jusqu'à ce qu'ils l'aient dissipée ou tout au moins partagée en tronçons inoffensifs. Quand la trombe fond sur un vaisseau qui ne l'a pas vue venir, soit à cause des ténèbres, soit par défaut de vigilance, elle l'enlève, le fait pirouetter, le brise et l'engloutit. C'est l'affaire d'un instant.

— Quelle horrible rencontre ! Rien que d'y penser, je frissonne. Les marins qui ont échappé à de pareils dangers ne doivent plus avoir peur de rien.

— Aussi sont-ils généralement très-résolus. Ils

ont d'ailleurs, pour la plupart, une grande confiance en Dieu, et c'est, je te l'ai dit, le meilleur moyen de se rassurer au milieu des périls. Le vent n'est cependant pas toujours l'ennemi des navigateurs; il est leur aide. Dans les régions glacées, les vents sont si variables, qu'il n'y a point à s'y fier; chez nous, ils ont déjà plus de constance; mais dans la zone torride, leur direction reste la même pendant six mois. Ces six mois forment ce qu'on appelle une mousson, c'est-à-dire une saison.

— Pardon, mon oncle, vous dites que six mois forment une saison.

— Oui, dans les contrées équatoriales, il n'y a réellement que deux saisons, celle de la sécheresse et celle des pluies. Le passage d'une mousson à l'autre est presque toujours accompagné de violentes tempêtes.

— Comme il y en a dans nos mers au moment des équinoxes.

— Ces tempêtes résultent, chez nous comme là-bas, de la lutte qui s'établit entre les vents du nord et ceux du sud. La mousson du printemps commence en avril, et celle d'automne en octobre, dans la partie située au nord de l'équateur. Pendant ces six mois, le vent souffle du sud-ouest; et pendant la mousson d'automne, il vient du nord-est. Dans la partie située au sud de l'équateur, c'est le contraire qui a lieu : la mousson du printemps commence en octobre, et la mousson d'automne en avril. La première se distingue par le vent du nord-est, la seconde par le vent du sud-ouest. Tu sais aussi bien que moi que, quand les peuples de l'hémisphère boréal ont l'été, ceux de l'hémisphère austral ont l'hiver.

— Oui, mon oncle. Nos antipodes ont leurs jours les plus longs et les plus beaux vers Noël, époque où l'on voit clair à peine à huit heures du matin, et où il fait si froid, qu'on ne se figure pas que l'été puisse jamais revenir.

— Mais, par une juste compensation, ils ont l'hiver quand nos jardins sont pleins de fleurs et nos champs couverts de riches moissons. Cet échange se fait invariablement depuis que le monde existe, et c'est le résultat d'une disposition qui prouve une fois de plus la simplicité sublime des lois de la nature. Si la terre, en tournant autour du soleil, lui présentait constamment l'équateur qui la partage en deux parties égales, il n'y aurait qu'une saison pour chaque pays. La température serait toujours la même, la durée des jours ne varierait pas, et un grand nombre de régions seraient plongées dans les ténèbres d'un éternel hiver. Pour empêcher cela, la nature a incliné la terre sur son axe, en la forçant de tourner successivement vers le flambeau vivifiant du soleil son hémisphère boréal et son hémisphère austral. C'est ce qui fait que nos saisons sont toujours complétement opposées à celles de l'autre hémisphère.

— Voilà, mon oncle, quelque chose que je ne comprends pas très-bien.

— Prends une de ces pommes qui cuisent devant le feu ; et pour qu'elle représente la terre, trace avec la pointe de ce couteau une ligne qui soit à peu près à la moitié de sa hauteur.

— Cette ligne, c'est l'équateur, dis-je, après avoir obéi.

— Le pôle nord sera la queue de la pomme, et l'extrémité opposée le pôle sud. Tout cela n'est pas très-exact ; mais peu importe, pourvu que l'expérience te paraisse concluante. Suppose que ce charbon que je tiens au bout des pincettes soit le soleil ; place ton équateur en face de ce soleil et fais tourner la pomme, en la tenant par la queue. La lueur projetée par le charbon ardent éclairera toujours le milieu de la pomme, et les parties qui s'éloignent du cercle que tu as tracé restent dans l'ombre. Incline maintenant un peu cette prétendue terre, et continue à la faire tourner : ce pauvre soleil, quoiqu'il commence à s'éteindre déjà, n'éclaire plus seulement une étroite bande de chaque côté de l'équateur ; mais il se trouvera tantôt au-dessus, tantôt au-dessous de cette ligne, et donnera alternativement aux deux hémisphères les longs jours et la chaleur qui en est le résultat.

— Merci, mon oncle. Voilà une pomme qui m'en a plus appris que n'auraient pu le faire de longues et savantes explications.

— Les vents constants qui règnent dans la zone torride sont toujours dirigés vers l'hémisphère que le soleil échauffe ; ainsi ils viennent du sud pendant notre été, et du nord pendant notre hiver. Ces vents, qu'on désigne sous le nom de vents alizés, favorisent les navires qui marchent dans leur direction ; ils les portent sans fatigue et presque sans danger vers le but de leur voyage, dont ils abrégent beaucoup la longueur. Les courants leur sont aussi d'une grande utilité ; il y a de grands courants qui traversent les océans, comme les fleuves traversent les campagnes ; ils offrent une route plus sûre et plus facile que le reste des flots ; aussi les navigateurs ne craignent pas d'allonger leur route de plusieurs centaines de lieues pour se confier à ces courants, surtout quand ils peuvent compter en même temps sur la constance des vents. Ils laissent ordinairement passer les tempêtes de chaque mousson avant de quitter les ports dans lesquels ils sont à l'abri, et ils s'embarquent ensuite, à la grâce de Dieu. Plus le changement de température qui amène les pluies est grand et subit, plus la mousson est à craindre ; mais si plus tard on parvient à diriger les aérostats, on n'aura plus à se préoccuper de ces tempêtes, qui ont lieu dans des régions peu élevées de l'atmosphère, puisqu'il suffit d'une chaîne de montagne de hauteur médiocre pour briser l'effort des vents.

— Mais on ne réussira jamais, n'est-ce pas,

mon oncle, à conduire sûrement les ballons?

— Qui peut savoir cela, ma fille? Quand mon grand-père me racontait la mort du professeur Richmann, qu'aurait-il dit si quelqu'un lui avait assuré que les savants arriveraient, à force d'études sur l'électricité, à créer une communication instantanée entre deux points fort éloignés l'un de l'autre, et même séparés par la mer? C'est pourtant ce qu'on a fait. Le télégraphe a supprimé les distances. Il ne faut pas plus de temps pour transmettre une dépêche de Paris à Lyon que de Paris à Versailles. On la recevrait à la minute même où elle est envoyée, si on l'attendait au bureau du télégraphe. Ce qui occasionne le retard, c'est le plus ou le moins de célérité des employés, et la distance de la gare à la demeure du destinataire. Si Louise était devenue plus dangereusement malade qu'elle ne l'a été, nous aurions demandé à recevoir de ses nouvelles cinq ou six fois par jour; ce qui, au moyen de la poste, serait tout à fait impossible.

— C'est une bien belle invention que le télégraphe; et puisqu'on a pu la faire, vous avez raison, mon oncle, il ne faut désespérer de rien, pas même de voyager un jour en ballon sans danger. Pourtant je ne m'y hasarderais pas volontiers.

— Crois-tu qu'on se soit hasardé volontiers dans les premiers wagons traînés par des locomotives? Il n'y eut d'abord qu'un petit nombre de gens résolus qui s'y risquèrent; et ce fut seulement en 1842 que la reine d'Angleterre, en donnant l'exemple d'une courageuse confiance, dissipa les terreurs exagérées que le seul nom de chemin de fer causait au plus grand nombre. Aujourd'hui cette manière de voyager, si prompte et si commode, est tellement passée dans nos habitudes, que nous montons en wagon sans la moindre frayeur, et que s'il se rencontre, par hasard, quelque bonhomme qui montre un peu d'hésitation, tout le monde se divertit à ses dépens.

— Oui, mon oncle, tout le monde, et moi comme les autres. Je commence à penser qu'un jour, peut-être, on me trouvera bien ridicule si je refuse de monter en ballon.

— Il est certain qu'après tant de grands progrès accomplis par la science, on se demande s'il y a réellement des choses impossibles ; et si l'on veut être sage, on s'abstient de répondre à cette question, ou bien on y répond comme Franklin, l'illustre inventeur du paratonnerre. Quelqu'un désirant savoir ce qu'il pensait des aérostats dont un savant de son temps, Montgolfier, venait de faire l'essai, il dit simplement : « Que peut-on attendre d'un enfant né d'hier ? » Depuis cette époque, on a beaucoup étudié sans succès l'art de diriger les ballons ; mais il serait téméraire de prétendre qu'on ne le trouvera pas ; et même en ce moment, il paraît qu'un homme de talent espère l'avoir découvert. Toutefois, avant de se prononcer là-dessus, il faut attendre les expériences qui ne manqueront pas d'être faites, si ce bruit est fondé.

— Et vous dites, mon oncle, que dans ces voyages aériens, on n'aurait pas à redouter les tempêtes ?

— Non. Les nuages ne peuvent monter bien haut, puisqu'ils ont besoin de chaleur pour ne pas devenir plus lourds que l'air, et que l'atmosphère n'est échauffée que dans le voisinage de la terre. Il suffirait donc, pour voyager en pleine sécurité au moyen des ballons, de pouvoir franchir la région des nuages.

-- Comme ce serait beau d'avoir les éclairs et le tonnerre sous ses pieds ! L'homme se croirait bien puissant, s'il réussissait à s'élever si haut ; et peut-être prendrait-il la terre en dégoût à mesure qu'il s'en éloignerait.

— Il ne pourrait toujours aller bien loin ; l'air finirait par manquer à ses poumons, puisque l'asphyxie le menace même sur le sommet des montagnes qui atteignent une grande altitude. Il souffrirait aussi tellement du froid, qu'il serait obligé de redescendre.

— C'est vrai. J'oubliais qu'à une certaine hauteur, le froid devient intolérable, puisque sous l'équateur les montagnes, au pied desquelles croissent les palmiers, sont couronnées de neiges perpétuelles.

— Il n'est pas nécessaire qu'elles atteignent ces proportions colossales pour arrêter l'effort des vents. Quand les tempêtes de la mousson du sud sévissent sur la côte de Malabar, le Coromandel, qui en est séparé par les monts Ghattes, jouit du plus grand calme ; et quand la mousson vient du

nord, le même obstacle en préserve le Malabar.
Ce sont les changements de température qui
occasionnent ces vents furieux, en produisant,
comme je te l'ai dit, des vides dans l'atmosphère,
soit par la condensation ou la dilatation subite de
grandes masses d'air, soit par la chute de pluies
abondantes. Ainsi, l'on remarque qu'il règne
dans la Méditerranée un fort vent du nord, quand
les ardeurs de l'été échauffent assez les sables du
désert de Sahara pour que l'air s'élève rapidement
au-dessus de ces plaines arides, dont la température atteint quelquefois jusqu'à soixante-dix
degrés. L'air, dilaté par cette chaleur extrême,
laisse un grand vide dans lequel se précipite l'air
moins chaud de la Méditerranée. Le contraire a
lieu pendant l'hiver; le vent du sud souffle sur
cette mer, parce que, l'eau se refroidissant moins
vite que le sable, le vide se fait au-dessus de la
Méditerranée et attire l'air du désert.

Sur presque toutes les côtes, le vent vient de
la mer pendant le jour, parce que l'air s'échauffe
et se dilate plus au-dessus de la terre qu'au-dessus des flots; mais comme ils se refroidissent
moins vite que la terre pendant la nuit, leur cha-

leur produit la dilatation de l'air et par conséquent le vent de terre..

— Ainsi le vent doit venir du nord en hiver et
du sud en été?

— C'est en effet ce qui a lieu dans la zone torride; mais dans nos régions, les vents sont plus
variables. Ils viennent principalement du sud-
ouest en hiver, du nord-ouest en été, du sud en
automne et de l'est au printemps. Les vents
d'ouest nous amènent le plus souvent la pluie,
parce qu'ils nous arrivent chargés des vapeurs de
l'Océan; la lutte qui s'établit au printemps entre
les vents de l'est et de l'ouest produit les ondées
connues sous le nom de giboulées de mars, et les
chutes de grésil et de neige qui se prolongent
jusqu'en avril. Le vent du sud, qui règne en
automne, nous donne les derniers beaux jours,
que nous appelons l'été de la Saint-Martin.

— Il fait presque toujours plus chaud en automne qu'au printemps, c'est donc au vent qu'il
faut l'attribuer?

— Le vent emprunte la température des régions qu'il traverse; mais il faut penser aussi que,
pendant la première moitié de l'automne, la terre,

échauffée en été par les rayons du soleil, n'a pas encore eu le temps de se refroidir, au lieu qu'au printemps elle est très-froide, et ne se réchauffe que peu à peu, sous l'influence de ces rayons. Le vent le plus froid est celui du nord, que nous appelons la bise; mais la bise de nos contrées ne peut se comparer au mistral qui se fait sentir en Provence et dans l'Italie septentrionale, et dont le nom vient de maëstro, qui signifie maître. Le vent le plus chaud est celui du midi. Le siroco des Italiens et le solano des Espagnols sont des vents secs et brûlants, encore plus redoutés que le mistral; et plusieurs savants pensent que le siroco et le solano ne sont qu'un diminutif du terrible vent du désert, que les Arabes nomment le simoun, c'est-à-dire le poison.

— J'ai lu que le simoun amène la peste.

— Cela est faux; car la peste ne règne pas chaque fois que le simoun souffle; mais les Arabes l'appellent poison, parce qu'il fait un grand nombre de victimes. Les tempêtes de l'équinoxe se font sentir dans le désert, qui n'est à proprement parler qu'une mer de sable, avec une violence égale aux tourmentes de l'Océan.

Un petit nuage noir à l'horizon annonce le simoun. Ceux qui savent ce que veut dire ce point sombre n'attendent pas qu'il grandisse pour chercher un refuge ; mais le temps leur manque souvent. Le nuage s'étend avec une étonnante rapidité ; bientôt il couvre le ciel tout entier, et fait disparaître le soleil sous son voile sinistre. Le simoun se déchaîne ; il creuse profondément la plaine sablonneuse, y soulève d'épais tourbillons, qui tournent sur eux-mêmes, comme les trombes de mer, et lancent dans les airs des nuages de poussière ardente, qui augmentent encore l'obscurité. Cette poussière pénètre partout ; elle aveugle, elle étouffe ceux qui y demeurent exposés ; aussi n'ont-ils rien de mieux à faire que de se réfugier dans les puits, s'ils en trouvent à leur portée, ou de se coucher en s'enveloppant la tête dans leurs vêtements, pour défendre leurs yeux, leurs narines et leurs poumons, contre l'invasion du sable brûlant.

— Je crois sans peine que des voyageurs surpris dans le désert par cet horrible vent donneraient volontiers un diamant pour un verre d'eau.

— Oui, une soif cruelle les tourmente ; mais

où trouver ce verre d'eau si précieux? Les vagues de sable comblent les puits et font disparaître les sources, tandis que le souffle dévorant du simoun dessèche les outres dont les caravanes sont pourvues. Si ce vent durait longtemps, pas un homme, pas un animal égaré dans le désert ne survivrait à son passage; et trop souvent des caravanes y périssent sans qu'un seul de leurs membres puisse porter la nouvelle de la mort de ses compagnons.

— On dit que le chemin ordinairement suivi par les caravanes est indiqué par des ossements desséchés et blanchis.

— Oui, et plus d'une fois des colonnes françaises envoyées en expédition sur les frontières du Sahara y ont couru les plus grands périls. Le simoun se fait aussi sentir en Egypte, où il prend le nom de khamsym, qui veut dire cinquante, parce qu'il est à craindre pendant cinquante jours, dont les premiers correspondent à peu près à la fin d'avril. Sur la côte de Guinée, on appelle harmattan un vent très-violent qui n'est peut-être que le simoun, et qui souffle plusieurs fois l'an, pendant un temps plus ou moins long. Il soulève une poussière impalpable, qui ressemble à un épais brouillard, et en couvre au loin les navires, sur les flots de l'Océan. Il occasionne des ophthalmies, et dessèche tellement la peau, que toutes les parties exposées à son contact se gonflent et se crevassent. En Perse, où le simoun exerce aussi sa fureur, il prend le nom de samiel; mais nulle part il n'est aussi redoutable qu'au désert du Sahara.

— Mais, au désert, il y a des oasis où l'on peut se réfugier.

— Par malheur, les oasis sont encore peu nombreuses, quoiqu'on ait réussi depuis quelques années à en créer beaucoup plus qu'il n'y en avait auparavant.

— Si l'on peut en créer, pourquoi le désert n'en est-il pas rempli?

— Tu me permettras de te faire observer que ce ne serait plus le désert, mais un riche et fertile pays. Cela viendra peut-être avec le temps, puisque nous sommes convenus qu'il ne faut désespérer de rien.

— Comment peut-on créer une oasis au milieu des sables?

— Il suffit pour cela d'avoir de l'eau; mais là est la grande difficulté. Il ne pleut pas dans le désert, à moins que ce ne soit sur les montagnes qu'on y rencontre, ou dans les oasis, parce que les sommets des montagnes ou les cimes élevées des palmiers arrêtent les nuages, qui, sans ces obstacles, continueraient leur course. Quelques ruisseaux descendent des hauteurs, mais ils se perdent bientôt dans les sables ou se dessèchent par l'excès de la chaleur.

— Pourtant, mon oncle, on a trouvé le moyen de se procurer de l'eau, puisqu'on a déjà créé des oasis.

— Comme on s'en procure en France dans certaines localités qui en sont privées. Il existe sur bien des points des nappes d'eau souterraines, parce que les pluies qui s'infiltrent dans le sol y sont retenues par des bancs d'une terre imperméable qu'on appelle argile. C'est de cette argile ou terre glaise qu'on se sert pour fabriquer les tuiles, les briques et la grosse poterie. On n'a pour cela qu'à la débarrasser des cailloux qu'elle contient, à la pétrir et à la faire cuire dans un four approprié à cet usage; mais telle qu'on la trouve dans le sol, elle retient l'eau tout aussi bien que les vases qu'on en fabrique. Dans les endroits où des bancs d'argile s'étendent sous les sables du désert, il suffit de pratiquer dans ces sables des trous plus ou moins profonds pour en faire jaillir une source. Les puits ainsi creusés se nomment puits artésiens, parce que c'est dans une de nos anciennes provinces, dans l'Artois, que les premiers de ces puits ont été établis. Depuis la conquête de l'Algérie, on en a creusé dans le Sahara algérien, et chacun de ces puits a donné naissance à une oasis. Aussitôt qu'on a de l'eau, on plante des palmiers, qui grandissent très-vite et procurent aux céréales, qu'on sème ensuite, non-seulement l'ombre nécessaire à leur accroissement, mais encore les bienfaisantes ondées du ciel. Autour de cette source précieuse, s'élèvent bientôt des habitations, des villages se fondent, et tu peux juger des regrets de la population quand le terrible simoun, entassant sur ce petit coin de terre les vagues brûlantes du désert, en fait disparaître la fertilité.

Pendant cette longue causerie, le vent s'était apaisé; les nuages ne couraient plus, poussés

par son souffle puissant, mais ils s'étaient étendus
peu à peu, et la pluie, qui avait tombé d'abord
avec assez de violence, venait de cesser. Le jardinier arriva, portant un grand panier de poires,
meurtries pour la plupart, et il annonça qu'il y en
avait encore beaucoup sous les arbres à haute
tige. Il ne restait plus rien sur les pruniers que
j'avais admirés la veille; mais les quetsches et
les damas violets avaient atteint leur maturité, et
nous pouvions, en les ramassant, en faire d'ex-
cellentes confitures. Tout le monde se mit à la
besogne, le jardinier, la bonne, ma grand'mère,
et même mon oncle. Quant à moi, je ne me fis
pas prier pour les suivre, et je vis avec plaisir que
je n'étais pas la moins habile à emplir mon panier. Je me hâtais de toutes mes forces, pour
paraître plus leste et plus habile que les autres.
N'est-ce pas le cas de dire : Où la vanité va-t-elle
se nicher?

— Vois donc, Anna, me dit mon oncle, quel
magnifique arc-en-ciel !

Je levai la tête, et je vis un arc immense, très-
nettement dessiné, au-dessus duquel un autre un

peu moins éclatant de nuances s'étendait en suivant la même courbe.

Je n'avais jamais vu d'arc-en-ciel double; je le dis à mon oncle, qui m'assura que le second n'était que l'image du premier, réfléchie dans les nuages comme dans un miroir.

— Cela demande quelques explications, mon oncle, lui dis-je, et si nous n'avions pas tant d'ouvrage....

— Je te les donnerai demain, répondit-il. Je ne voudrais pas aujourd'hui priver ta bonne maman d'une aide aussi utile que la tienne.

A demain donc, ma chère Louise.

X.

Mon oncle est sorti hier de bon matin et n'est
rentré qu'un peu avant la nuit. J'en ai été contente, parce que, si j'avais eu quelques pages à
écrire, je n'aurais pu m'occuper de nos confitures ; et j'ai si bien travaillé toute la journée, que
bonne maman m'a prédit que je ne pourrais manquer de devenir une excellente ménagère. Cette
promesse m'a fait un très-grand plaisir ; car je
sais combien maman attache d'importance à cette
qualité, qui, dit-elle, devient de plus en plus

rare. Notre grand'mère est tout à fait de son avis ; elle trouve que le savoir est une bonne chose et qu'on n'en peut trop acquérir ; elle ne condamne pas l'étude de la musique et du dessin, parce que ces talents préparent aux jeunes filles bien des distractions ; mais elle veut qu'on joigne l'utile à l'agréable, et que si l'on ne peut réunir les deux, on donne, sans balancer, la préférence au premier.

Elle souriait d'aise en me regardant, les manches relevées jusqu'au coude, la jupe retroussée et presque entièrement cachée sous un grand et large tablier blanc, occupée à ôter les noyaux des prunes, ou à les retourner dans la bassine, tout en babillant avec Suzanne.

J'oubliais de te dire que la chère Suzette a profité, pour venir nous voir, de ce que son père amenait un chariot de grains au marché de Beaumont ; elle devait repartir avec lui ; mais quand le cousin Pierre m'a vue dans mon costume de cuisinière, il a demandé à Suzanne si elle voulait rester jusqu'au lendemain pour nous aider. Je crois qu'elle n'avait pas envie de refuser ; mais nous ne lui en aurions pas laissé le temps.

— Nous la garderons trois jours, dit grand'-mère. Si vous trouvez que ce soit trop, emmenez-la aujourd'hui, et vous la ramènerez. Il faut absolument qu'elle passe avec nous la soirée de demain. Si vous n'étiez pas venue, je vous aurais écrit ce soir ou j'aurais prié Henri d'aller la chercher.

— Oh! oh! il y aura donc du nouveau chez vous demain, ma tante? dit le cousin Pierre, en clignant de l'œil avec malice.

— Notre chasseur a tué un chevreuil et invité quelques amis. Vous serez des nôtres, mon cher Pierre, et je tiens à ce que Suzanne en soit aussi, parce qu'il y aura des jeunes filles, bonnes et aimables comme elle.

— Merci du compliment, ma tante. Je le répéterai à sa mère, pour qu'elle ne me gronde pas de vous l'avoir laissée.

Le cousin Pierre a embrassé Suzanne, et il est parti sans faire d'autres questions; mais moi, je voudrais bien savoir quels seront demain nos convives. Des chasseurs sans doute. Mais je connais ceux avec lesquels mon oncle est le plus lié, et je sais qu'ils n'ont pas de demoiselles. S'ils en avaient, je les aurais déjà vues : bonne maman aurait été enchantée de me les donner pour amies, si elles sont aussi aimables et aussi bien élevées que Suzanne. Oui, il y aura demain du nouveau ici ; ce sera ma mère et ma sœur qui arriveront. Oh ! si je devine juste, quel bonheur !

J'ai fait part de cette idée à ma cousine, pour savoir si bonne maman ne l'aurait pas prise pour confidente, mais elle ne sait rien ; et si c'est toi qui es attendue, ma chère Louise, la surprise sera pour elle comme pour moi. Sera-ce vraiment une surprise ? Oh ! non. Je n'ose pas m'arrêter à l'espoir de t'embrasser demain et de revoir maman, à laquelle je pense plus de cent fois par jour, et, malgré moi, j'y compte assez pour avoir beaucoup de chagrin si vous n'arriviez pas.

Notre marmelade de prunes est très-belle, très-bonne ; nous en pourrons faire des tartines tout l'hiver ; car il y en a trois pots énormes, et bonne maman veut que nous les emportions à la pension, ainsi que ses plus belles quetsches, que nous avons arrangées sur des volettes pour les sécher au four. Nous avons fait ce matin des tartes, des gâteaux, des crèmes, et préparé pour le dessert de ce soir les plus beaux fruits du jardin. Grand'maman veille à tout avec une gaîté que je ne lui ai pas encore vue ; elle court de la cuisine à la salle à manger, où déjà le couvert est disposé, et où elle a fait allumer un bon feu, de crainte que la pluie d'hiver n'y ait fait pénétrer un peu d'humidité. Elle nous a chargées, Suzanne et moi, de faire deux gros bouquets pour décorer la table, et elle nous a recommandé de ne pas épargner ses plus belles fleurs. Elle est si souriante, si fraîche, qu'on la croirait rajeunie de dix ans, et ce n'est certainement pas pour trois vieux chasseurs, très-estimables, j'en conviens, mais quelquefois un peu ennuyeux, et dont elle ne peut d'ailleurs entendre les merveilleux récits, que bonne maman serait ainsi transfigurée. Patience ! nous verrons cela bientôt.

J'entends mon oncle qui cause avec Suzanne. Je vais les retrouver. Peut-être apprendrai-je quelque chose....

Il est une heure, et l'on ne m'a fait aucune confidence ; mais je t'attends, ma chère Louise ;

et si tu n'arrivais pas ce soir, je ne pourrais plus compter sur ma perspicacité.

Quand je suis arrivée dans le corridor, mon oncle demandait à grand'maman si elle pouvait se passer de moi pendant une demi-heure.

— Je n'ai plus besoin d'Anna ni de Suzanne, répondit-elle; tout est prêt pour recevoir nos convives; mais l'horloge marche bien lentement aujourd'hui.

Encore une fois ce n'est pas après nos voisins les chasseurs que bonne maman peut s'ennuyer ainsi. Tout en me disant cela, je suivis mon oncle au jardin; Suzanne passa son bras sous le mien et vint s'asseoir avec nous en face de la porte d'entrée, après m'avoir demandé si elle ne nous gênerait pas.

— Il y a eu hier un bien bel arc-en-ciel, dit mon oncle; l'as-tu vu, Suzette?

— J'en ai vu deux, l'un au-dessus de l'autre; mes petits frères, qui jouaient dans la cour, m'ont appelée pour me les montrer.

— Mon oncle me les a fait remarquer aussi, et il m'a promis de m'expliquer ce que c'est que l'arc-en-ciel, comme il m'a déjà expliqué ce que c'est que la pluie, la grêle, la neige, le vent et le tonnerre.

— Tu es bien heureuse de savoir tout cela, reprit Suzanne.

— Oui, grâce à mon bon oncle Henri, j'ai bien employé mes vacances; mais si tu veux, Suzette, je te prêterai mon cahier pendant que Louise sera ici; et quand tu l'auras lu, tu en sauras autant que moi.

— Voilà qui est convenu, dit mon oncle, et l'année prochaine, au lieu d'une élève, j'en aurai trois. En attendant, disons bien vite quelques mots de l'arc-en-ciel; car, si mes amis arrivaient, quand achèverions-nous cette leçon ?

Je commencerai, comme on doit le faire généralement dans une démonstration, par te donner quelques définitions.

Lorsqu'un faisceau de lumière ou rayon lumineux rencontre une surface polie qui l'arrête, la lumière n'est point anéantie par cet obstacle; mais, renvoyée par la surface à la manière d'un corps élastique, elle change de direction, et c'est ce phénomène que l'on désigne sous le nom de *réflexion* de la lumière.

Lorsqu'un rayon lumineux passe plus ou moins obliquement d'un milieu transparent dans un autre, par exemple de l'air dans l'eau, de l'air dans le verre, il éprouve une déviation de la ligne droite qu'il parcourt; c'est ce changement de direction qu'on appelle *réfraction*, d'un mot latin qui signifie brisé, parce qu'en effet le rayon se brise en changeant de direction.

On appelle *prisme*, en physique, toute substance transparente à faces inclinées entre elles. Par exemple, les facettes d'un bouchon de carafe, prises deux à deux, forment autant de prismes. Le prisme dont on se sert ordinairement pour les expériences de lumière, d'optique, pour employer le mot propre, est une masse de verre ou de cristal taillée latéralement en trois facettes planes, et terminée aux extrémités par deux faces triangulaires égales et parallèles.

Or, quand un faisceau de lumière solaire passe au travers d'un prisme, il n'est pas seulement dévié à l'entrée et à la sortie; il est en outre décomposé en plusieurs espèces de lumières diversement colorées, phénomène remarquable, connu sous le nom de dispersion de la lumière, et que l'on constate par l'expérience suivante, due à Newton.

Par un petit trou pratiqué dans le volet d'une chambre obscure, on fait entrer un faisceau de lumière solaire qu'on reçoit sur un prisme de verre disposé horizontalement. Les rayons qui composent ce faisceau se réfractent deux fois dans le même sens, à l'entrée et à la sortie du prisme; mais ce que l'expérience actuelle nous apprend, c'est qu'ils se réfractent inégalement. En effet, au lieu d'aller former, sur un écran éloigné, une image circulaire de même forme que l'ouverture, ces rayons donnent lieu à une image très-allongée dans le sens vertical; ce qui fait voir que le faisceau, d'abord circulaire, s'est fortement dilaté dans le sens de la réfraction. De plus, l'image allongée qu'on reçoit sur un écran, au lieu d'être incolore, présente, dans le sens de sa longueur, les belles couleurs de l'arc-en-ciel avec un éclat et une richesse de tons dont on ne peut se faire une idée sans l'avoir vue. Cette brillante image, dont la reproduction constitue une des plus belles expériences d'optique, a reçu le nom de *spectre solaire*.

Il existe en réalité, dans le spectre, une infinité de teintes ; mais Newton en a distingué sept principales, qui sont, de haut en bas, les suivantes : violet, indigo, bleu, vert, jaune, orangé, rouge.

De l'expérience du spectre solaire, Newton a conclu que la lumière blanche, c'est-à-dire la lumière ordinaire qui nous vient du soleil, n'est pas simple, mais composée de sept lumières différentes, qui, réunies, donnent du blanc, tandis que, séparées, elles donnent chacune une couleur propre ; et il a expliqué la séparation de ces sept lumières, à leur passage dans le prisme, par leur inégal degré de réfrangibilité.

Arrivons enfin à l'arc-en-ciel. Il ne se forme que sur les nuées qui se résolvent en pluie, et présente toujours toutes les couleurs du spectre, exactement dans le même ordre : cela indique évidemment une décomposition de la lumière blanche du soleil par les gouttelettes de pluie. De plus, comme l'arc-en-ciel n'est visible que pour l'observateur qui, regardant la nuée, tourne le dos au soleil, on en conclut qu'il faut que la lumière, d'abord décomposée à son entrée dans les gouttes de pluie, soit ensuite réfléchie vers l'observateur. C'est donc à un double effet de réfraction et de réflexion qu'il faut attribuer la formation de l'arc-en-ciel.

Quelquefois on n'observe qu'un seul arc-en-ciel ; mais le plus souvent on en voit deux à la fois ; l'un intérieur, dont les couleurs sont plus vives ; l'autre extérieur, qui est plus pâle et dans lequel l'ordre des couleurs est renversé. Dans l'arc intérieur, c'est le rouge qui est le plus élevé ; dans l'autre arc, c'est le violet. Rarement on aperçoit trois arcs-en-ciel. La théorie indique qu'il peut en exister un plus grand nombre ; mais leurs couleurs sont si faibles, qu'elles échappent à la vue.

La lune produit quelquefois des arcs-en-ciel, comme le soleil, mais ils sont très-pâles. Plus le soleil est près de l'horizon, plus est grande la partie visible de l'arc-en-ciel ; mais à mesure que l'astre s'élève, l'arc diminue, et il disparaît tout à fait lorsque le soleil est élevé de 42 degrés au-dessus de l'horizon.

Si les rayons du soleil n'étaient pas soumis à la loi de la réfraction, s'ils continuaient à suivre, lorsqu'ils entrent dans notre atmosphère, la ligne dans laquelle ils se mouvaient avant d'y parvenir, ils ne nous éclaireraient pas ; mais en y arrivant, ils quittent cette direction et s'inclinent vers la terre, à laquelle ils donnent à la fois la lumière et la chaleur. Tu sais ce que c'est que l'atmosphère, Suzanne ?

— C'est la masse d'air qui entoure notre globe de tous côtés.

— Sais-tu aussi ce qui arriverait, si notre globe venait à être privé de cette atmosphère ?

— Je pense que nous mourrions tous, puisque l'air est absolument nécessaire à l'entretien de notre vie.

— Cela n'est pas douteux ; mais si nous étions organisés de manière à pouvoir nous passer d'air, nous apercevrions-nous de la suppression de l'atmosphère ?

Suzanne parut embarrassée ; mon oncle me fit un signe, et je répondis à sa place :

— Il me semble que nous serions aussi condamnés à nous passer d'eau ; car les mers, les fleuves, les rivières se dessécheraient sans qu'une goutte de pluie vînt les alimenter. Il faudrait aussi nous passer de feu, puisque, sans air, il est impossible d'en allumer; et nous serions plongés dans un silence complet, puisque c'est l'air qui porte les sons à nos oreilles. C'est du moins ce que vous m'avez dit, mon oncle, à propos de la lune, qui n'a pas d'atmosphère, quand je vous ai demandé si elle a des habitants.

— Tout cela est exact. Tu peux y ajouter que pas un souffle de vent ne se ferait sentir sur notre terre, puisque le vent n'est autre chose que l'agitation de l'air; que les astres nous paraîtraient suspendus dans des espaces noirs, puisque ce sont les couches d'air superposées qui donnent à la voûte céleste sa belle couleur bleue; et que les rayons du soleil se montreraient et s'éteindraient tout à coup, puisque c'est à l'atmosphère que nous devons l'aurore et le crépuscule, douces transitions ménagées entre l'ombre et la lumière.

Le jour nous arrive avant que le soleil soit levé; et quand il a disparu, la nuit ne répand pas immédiatement ses voiles autour de nous. Dans la zone torride, le passage du jour à la nuit est assez brusque: mais dans nos latitudes tempérées, l'aurore et le crépuscule règnent pendant une grande partie des nuits d'été. On peut jouir de la fraîcheur du soir et se livrer de grand matin aux rudes travaux des champs, quand on veut éviter les ardeurs du soleil. Si cette gradation de la lumière aux ténèbres et des ténèbres à la lumière est un bienfait pour nous, jugez de ce qu'elle doit être pour les peuples des zones glaciales, où règnent de si longues nuits. Sans l'aurore et le crépuscule, comment supporterait-on l'obscurité, puisque, malgré ce phénomène qui en abrége considérablement la durée, les navigateurs enfermés dans les glaces se croient déjà dans l'ombre du tombeau, et que leurs chiens mêmes, saisis d'une profonde tristesse, refusent de manger et deviennent enragés ?

— De combien l'aurore et le crépuscule peuvent-ils abréger la durée de ces cruelles nuits? demanda Suzanne.

— On a calculé que sous le pôle, où elles sont de six mois consécutifs, il y a quatorze semaines dont une moitié appartient au jour décroissant et l'autre au jour qui va naître. Il ne reste donc pas tout à fait trois mois de nuit complète; encore cette nuit est-elle très souvent illuminée par un splendide phénomène en comparaison duquel notre arc-en-ciel ne mérite plus la moindre attention.

— C'est de l'aurore boréale que vous voulez parler, mon oncle ? Un soir d'hiver, il y a deux ou trois ans, on nous a fait descendre dans le jardin de la pension pour en voir une.

— Et vous n'avez aperçu qu'une lueur rougeâtre répandue sur le ciel, comme le reflet d'un incendie.

— Pas autre chose ; mais on nous a dit que dans les régions polaires une aurore boréale est un spectacle magnifique.

— On vous a dit la vérité. J'en ai pu juger dans le voyage que j'ai fait en Norwége, il y a déjà longtemps. L'aurore boréale ne se présente pas toujours sous le même aspect : quelquefois elle éclaire tout le ciel d'une lumière uniforme, qui grandit peu à peu et qui s'éteint de même, après avoir brillé pendant un certain nombre d'heures ; mais plus souvent la lumière s'échappe d'un arc qui paraît formé par des ondes d'une éclatante blancheur. Elle jaillit en rayons, en fusées, en gerbes, qui prennent les couleurs du prisme, et qui sont surtout remarquables par la rapidité avec laquelle se modifient leurs formes et leurs nuances. Au moment même où se dessinent des colonnes et des portiques, jaillissent des vagues de flammes qui s'éteignent, se raniment, marchent à la rencontre les unes des autres et forment des faisceaux semblables au bouquet d'un feu d'artifice. Ce sont là les plus belles aurores boréales. Il y en a d'autres encore dans lesquelles une douce clarté tombe d'un dais immense qu'on dirait entouré de crépines argentées, et c'est presque toujours ainsi que finissent les brillantes évolutions de lumière boréale.

— L'aurore boréale est-elle produite, comme l'arc-en-ciel, par la décomposition et la réfléxion des rayons du soleil?

— Non; car, si elle a lieu quelquefois avant la disparition du soleil, elle brille surtout lorsqu'il est descendu pour longtemps au-dessous de l'horizon. L'aurore boréale agit sur l'aiguille aimantée, même dans les lieux où le phénomène n'est pas visible ; ainsi les astronomes constatent ce mouvement à Londres, à Paris, à Berlin ; ce qui fait supposer que l'électricité n'est pas étrangère à l'apparition de ces splendides aurores. Cependant il y a des savants qui l'attribuent à la diffusion de la lumière éthérée, c'est-à-dire de la matière dont les astres ont été formés ; enfin il y en a d'autres qui se contentent d'avouer humblement que la cause leur en est inconnue, et ceux-là ne sont pas, à mon avis, les moins sages. Autrefois on croyait que ces magnifiques jets de lumière n'étaient qu'un reflet des neiges et des glaçons dont l'atmosphère est remplie, mais on sait aujourd'hui que si ces mille petits cristaux disséminés dans l'air occasionnent le mirage, ils ne peuvent produire l'aurore boréale.

— Pardon, mon cousin, dit Suzanne, je croyais que le mirage n'existait qu'au désert, sous la forme d'une riante oasis dont le voyageur aperçoit la verdure et l'eau, sans pouvoir y arriver.

— C'est, en effet, cette illusion du voyageur égaré dans les sables brûlants, qu'on désigne ordinairement sous le nom de mirage. Le soir et le matin, on voit les objets tels qu'ils sont ; mais quand ces sables se sont échauffés sous les ardents rayons du soleil, l'horizon semble borné par une nappe d'eau, que les Arabes appellent le lac des gazelles, et dans laquelle ils savent bien qu'ils ne pourront jamais se désaltérer. S'il existe réellement une oasis qui ne soit pas trop éloignée, l'ombre renversée de ses palmiers apparaîtra sur ce miroir trompeur, comme s'ils balançaient leurs élégants panaches au-dessus d'une eau limpide. Une illusion analogue a lieu dans les régions polaires, où les cristaux disséminés dans l'air font l'office de miroirs ; on y voit l'image renversée d'objets placés à des distances trop grandes pour qu'on puisse s'assurer de la réalité de leur existence. Du milieu des glaces où l'on se fraie avec tant de peine un passage, on croit voir la terre à l'horizon, et la terre fuit devant le navigateur comme le lac des gazelles devant le voyageur altéré. Aussi l'on a étendu le nom de mirage à tout ce qui est trompeur, à toutes les illusions dont l'homme se berce non-seulement lorsqu'il est jeune, mais trop souvent jusqu'à la fin de sa vie.

J'allais demander à mon oncle si la science a son mirage, comme le plaisir et l'ambition ; mais grand'maman, qui s'était approchée en cueillant les dernières fraises de la plate-bande à laquelle nous tournions le dos, frappa doucement sur l'épaule de son fils, qui se leva aussitôt.

— Je te donne deux heures, me dit-il, pour écrire le résumé de cette leçon. Il faut le faire aujourd'hui ; car nous irons à Vallonville demain.

Il y a un peu plus de deux heures que je suis montée, et je commence à craindre que ma bonne petite sœur n'arrive pas. Pourtant nous irons à Vallonville demain, et il avait été convenu que nous n'irions pas sans elle.

Louise, ma chère Louise, si ton voyage est retardé, quelle déception pour moi ! Il me semble que je ne pourrai plus rester ici, malgré toute l'affection de ma grand'mère, malgré toutes les bontés de mon oncle. J'ai trop compté sur le bonheur de te revoir et d'embrasser maman. Oh ! venez, venez, je vous en prie.

Une voiture.... Oui, c'est bien une voiture qui

tourne par ici... Elle s'arrête à la porte.... Vite, allons voir. . . . .

C'est maman, c'est Louise!... Maman est un peu pâle, mais si heureuse de revoir ensemble ses deux filles.... Louise est grande, plus grande que moi. On ne dirait plus qu'elle a tant souffert. Nous partons demain pour Vallonville. Mon cahier est fini, mes vacances commencent. Adieu, cahier ! Vivent les vacances !

FIN.

Rouen. — Imp. MÉGARD et Cⁱᵉ, rue Saint-Hilaire, 136.

www.ingramcontent.com/pod-product-compliance
Ingram Content Group UK Ltd.
Pitfield, Milton Keynes, MK11 3LW, UK
UKHW020153130726
13696UKWH00002B/483